职业教育基础课改革创新系列教材

安全生产常识

第 3 版

主 编　郑立冬　凌志杰　李玉芬
副主编　梁东侠　白凤朝　孙启瑞
参 编　解丽娜　凌广新　张印茹　王利明
　　　　李树华　沙瑞莲　刘大彩　陈小旺
　　　　韩宇楠　王立阳

机械工业出版社

本书是根据中等职业学校培养目标和教学方案，在第 2 版的基础上修订而成的。本书针对冶金、机械、电工电子等工科类专业教学及未来就业岗位的需要，介绍了安全生产概述、职业健康安全、作业现场安全管理、爆炸安全与防火防爆、职业安全技术、个体防护用品管理与使用及特种作业人员的管理。在内容的组织安排上，力求少而精，密切联系生产实际，满足学生就业的岗位需要。

　　本书可作为中等职业学校工科类专业基础课教材，也可作为企业员工岗位培训教材，或企业安全管理人员参考用书。

图书在版编目（CIP）数据

　安全生产常识／郑立冬，凌志杰，李玉芬主编.
3 版. -- 北京：机械工业出版社，2024. 8. --（职业
教育基础课改革创新系列教材）. -- ISBN 978 - 7 - 111
- 76327 - 7

　Ⅰ. X93

　中国国家版本馆 CIP 数据核字第 2024Y3K051 号

机械工业出版社（北京市百万庄大街 22 号　邮政编码 100037）
策划编辑：刘益汛　　　　　　责任编辑：刘益汛　单元花
责任校对：潘　蕊　张　薇　　封面设计：马若濛
责任印制：常天培
北京机工印刷厂有限公司印刷
2024 年 9 月第 3 版第 1 次印刷
210mm×285mm·11.5 印张·261 千字
标准书号：ISBN 978 - 7 - 111 - 76327 - 7
定价：45.00 元

电话服务　　　　　　　　　网络服务
客服电话：010-88361066　　机 工 官 网：www.cmpbook.com
　　　　　010-88379833　　机 工 官 博：weibo.com/cmp1952
　　　　　010-68326294　　金 书 网：www.golden-book.com
封底无防伪标均为盗版　　机工教育服务网：www.cmpedu.com

职业教育基础课改革创新系列教材

编 写 委 员 会

前言

第3版

安全生产是民生大事，一丝一毫不能放松，要以对人民极端负责的精神抓好安全生产工作，站在人民群众的角度想问题，把重大风险隐患当成事故来对待，守土有责，敢于担当，完善体制，严格监管。

保护劳动者在生产过程中的安全与健康是社会文明的重要标志，也是全面建成小康社会的重要内容。职工群众在生产过程中的安全健康合法权益，如加强劳动安全卫生工作、改善劳动条件、保障职工群众的安全健康权益，越来越受到企业的重视与关注。

习近平总书记在党的二十大报告中强调"推进安全生产风险专项整治，加强重点行业、重点领域安全监管"。企业的劳动安全卫生工作关键在于企业的员工认真履行安全生产方面的职责。企业的员工是国家劳动安全卫生法律法规的贯彻执行者，是规章制度的具体落实者，在企业安全管理中起着至关重要的作用。

职业院校的学生毕业后参与工业领域企业的一线生产、服务和管理。然而，在机械、电气、冶金、矿山等工业领域，安全事故、职业危害时有发生。职业院校学生不仅在学习阶段接触各类工业设备操作、岗位实践，而且毕业后在企业生产、服务、技术和管理第一线工作，掌握安全生产法律法规、行业安全规程，安全管理的科学方法，安全生产知识与技能，具有重要的意义。提高学生的生产、服务和管理水平，增强安全责任意识，是学校教育不可忽视的责任和义务。

因此，开设"安全生产常识"课程提高学生安全素质，使之熟悉国家有关劳动安全卫生法律法规和标准，具备必要的劳动安全卫生知识和管理能力，是落实立德树人的重要保障。本书作为"安全生产常识"课程教材，密切结合企业安全工作实际，针对职业院校工科类学生在未来岗位中涉及的问题，不仅阐述了安全生产、保障职工生命安全与健康的法律依据，如安全生产方针、职工在安全健康方面的权利和义务、安全管理制度等，而且针对新形势下安全管理的新特点、新问题，阐述了安全管理的科学方法，如现代安全管理模式、作业现场管理（作业标准化、作业现场危险预知等），同时也介绍了现代高素质员工应具备的安全卫生基本知识，如防火防爆技术、电气安全、机械安全、危险化学品安全管理，以及常见职业危害及其预防等。

本书着眼于职业院校学生的知识、能力和素质需要，以学生的学习、就业为主线，以事故案例为出发点，基于法律法规、行业安全规程，衔接课堂所教和岗位所用，提升学生的安全警觉性、自我保护意识、安全急救技能等。

本书第2版于2014年8月出版，得到了使用者的广泛肯定和好评。随着部分法律法规的更新，数字技术赋能教师、教法、教材改革需求的增加，再次修订教材势在必行。

为了更好地满足职业院校学生综合职业能力培养及各类安全生产人员岗前教育、岗中培训的需求，根据客观形势的变化情况，以及安全生产的新规定、新任务和新情况，作者更新了教材中的部分法律法规的内容，并及时融入新标准、新技术，将数字化教学内容加入新版教材，同时增加了二维码数字资源，学生扫描二维码即可观看微课视频、在线答题。本书第 3 版具有如下特点。

1）立足岗位实际，培养高素质技术技能人才。本书立足职业学校工科类学生从事的技术岗位、管理岗位，基于安全生产、职业健康相关的法律法规，以及安全管理的科学方法，培养了高素质技术技能人才应具备的安全生产知识与技能。

2）结合事故案例、安全标语，树立安全警觉性和自我保护意识。本书事故案例改编自真实的企业事故案例，通过情景案例引领学生体验真实的生产环境下事故的发生、危害，以及相关的救援措施，并通过"想一想，论一论"引导学生思考事故的成因与预防措施，让学生树立安全警觉性和自我保护意识，同时结合企业安全标语，潜移默化地从思想上培养学生的安全意识。

3）注重理实一体，掌握安全生产常识与技能。本书介绍了安全生产、职业健康安全、作业现场安全管理、个体防护用品管理与使用等生产相关的基础知识；针对机械、电气、冶金、矿山等工业领域的触电、爆炸、火灾等事故，讲解了心肺复苏、止血、灭火器的使用等安全技能。为巩固、拓展知识与技能，本书设置了复习题和拓展习题，拓展习题来源于安全生产竞赛与企业安全教育的习题，能拓展学生的安全知识。

4）融合数字媒体，实现可视、可听、可跟踪教学情况。本书以二维码的形式，增加了安全微课、拓展习题、拓展阅读的内容。本书图文并茂，展示了急救防护、灭火器的使用等的内容；新增的微课视频，帮助学生了解职业安全的相关知识；每章末设置的拓展习题，学生可线上答题。

5）实现线上线下混合教学，创新教学模式。本教材以超星的学习通 APP 与机械工业出版社的天工讲堂为教学平台，将教学资源上线教学平台，在教材的基础上，满足教师线上线下多渠道的教学模式，实现信息化教学、教学反馈与教学交流。

本书第 3 版更新了教材配套的课件、教案等相关资源。教师可登录机工教育服务网（http://www.cmpedu.com），下载获取教材配套的教学资源。

本书第 3 版由郑立冬、凌志杰、李玉芬任主编，梁东侠、白凤朝、孙启瑞任副主编，参与编写的还有解丽娜、凌广新、张印茹、王利明、李树华、沙瑞莲、刘大彩、陈小旺、韩宇楠和王立阳。

本书第 3 版在修订过程中，吸纳了工厂生产一线的安全管理人员、工段长及高校教师参加编写，听取了长期从事特种作业培训人员的宝贵意见，也得到了机械工业出版社及相关编辑的大力支持，谨此一并致以衷心的感谢。

由于编者水平有限，难免有疏漏之处，敬请同仁批评指正。

编　者

　　本书第 1 版于 2008 年 8 月出版，得到了使用者的广泛肯定和好评。随着时间的推移，原本新颖的教材已显得陈旧，如部分法律法规滞后、个别案例过时，一些章节内容不全。为了更好地适应中等职业学校学生综合职业能力培养及各类安全生产人员岗前教育、岗中培训需要，根据客观形势的变化情况，作者根据安全生产的新规定、新任务和新情况，对原书作了重要的补充和修订。主要修订内容有：安全生产方针及含义、《中华人民共和国劳动合同法》和《中华人民共和国职业病防治法》、大部分案例、标准化作业中不安全因素、主要个体防护用品的使用、特种作业人员管理等。

　　本书由凌志杰、李玉芬任主编，梁东侠、杨建荣任副主编，玄远程任主审，参加编写的还有白凤朝、杨志军、凌广新、宋芝、李树华、王利明、刘卫军、张印茹。

　　本书在修订过程中，吸纳了工厂生产一线的安全调度员和工段长参加编写，听取了长期从事特种作业培训的相关人员的宝贵意见，也得到了机械工业出版社及相关编辑的大力支持，谨此一并致以衷心的感谢。

　　由于编者水平有限，恐难尽如人意，敬请同仁批评指正。

编　者

前言

中等职业教育的任务是培养与社会主义现代化建设要求相适应，德智体美等全面发展，具有综合职业能力，在生产、服务、技术和管理第一线工作的高素质劳动者和中初级专门人才。中等职业学校的学生毕业后直接到各企业参与一线生产、服务和管理。提高学生的生产、服务和管理水平，增强安全责任意识，是学校教育不可忽视的责任和义务。

保护劳动者在生产过程中的安全与健康是社会文明的重要标志，也是全面建设小康社会和构建社会主义和谐社会的重要内容。我国十分重视保护劳动者在生产过程中的安全与健康，已采取了一系列重大举措，并取得了相当大的成就。但由于种种原因，我国安全生产形势仍比较严峻，各类事故总量还相当大，特别是重大事故还屡有发生，职业危害也相当严重。这不仅直接危及职工的生命安全和身体健康，而且给国民经济造成巨大的损失，对社会稳定及可持续发展产生不利的影响。更为严重的是，部分事故隐患在一些地方和企业存在，随时都可能引发事故甚至重特大事故。

职工群众在生产过程中的安全健康合法权益越来越受到政府和社会各界的重视。加强劳动安全卫生工作、改善劳动条件、保障职工群众的安全健康权益，已摆到了相当重要的位置。在构建社会主义和谐社会的进程中，我国提出了树立以人为本的科学发展观，把安全生产纳入经济和社会发展的总体布局。杜绝事故隐患，防患于未然，已成为全社会共同的责任。各类企业不仅要把安全生产作为企业生存和发展的基础，而且要把它作为建立文明和谐生产环境的前提保障。

一个企业劳动安全卫生工作是否取得成效，关键在于该企业的全体员工是否认真履行其在安全生产方面的职责。他们是国家劳动安全卫生法律法规在企业的贯彻执行者，是企业规章制度的具体落实者，在企业安全管理中起着至关重要的作用。《中华人民共和国安全生产法》明确规定："从业人员应当接受安全生产教育和培训，掌握本职工作所需的安全生产知识，提高安全生产技能，增强事故预防和应急处理能力。"因此，中等职业学校为工科类学生开设"安全生产常识"课程，提高其安全素质，使之熟悉国家有关劳动安全卫生法律法规和标准，具备必要的劳动安全卫生知识和管理能力，是完成培养目标的基本要求，也是职业教育落实科学发展观的重要保障。

本书作为中等职业学校工科类"安全生产常识"课程教材，密切结合企业安全工作实际，针对中等职业学校工科类学生未来岗位涉及的各方面问题，不仅阐述了搞好安全生产、保障职工生命安全健康的法律依据，如劳动安全卫生的法律法规、安全生产方针、职工在安全健康方面的权利和义务、安全管理制度等，而且针对新形势下安全管理的新特点、新问题，阐述了安全管理的科学方法，如现代安全管理模式、作业现场管理（作业标准化、作业现场危险预知等），同时也介绍了现代高素质员工应具备的安全卫生基本知识，如防火防爆技术、电气安全、机械安全、危险化学品安全管理，以及常见职业危害及其预防等。

由于编者水平有限，不妥之处，敬请批评指正。

编　者

本书配套混合式教学包的获取与使用

本书配套数字资源已作为示范教学包上线超星学习通，教师可通过学习通获取本书配套的演示文稿、微视频、在线测验、题库等。

扫码下载学习通 App，手机注册，单击"我"→"新建课程"→"用示范教学包建课"，搜索并选择"安全生产常识"教学资源包，单击"建课"，即可进行线上与线下混合式教学。

学生加入课程班级后，教师可以利用富媒体资源，配合本书，进行线上与线下混合式教学，贯穿课前课中课后的日常教学全流程。混合式教学资源包提供 PPT 课件、微课视频、课程章节、课堂讨论和在线测验。

PPT课件　　微课视频　　课程章节　　课堂讨论　　在线测验

二维码索引

安全微课

序号	安全微课	二维码	页码	序号	安全微课	二维码	页码
1	安全生产概述		28	5	多种灭火器的使用方法		87
2	职业病尘肺的防治		41	6	工厂消防安全指南		92
3	作业现场安全管理1		65	7	职工用电安全		102
4	作业现场安全管理2		67	8	警惕机械伤害		113

拓展习题

序号	拓展习题	二维码	页码	序号	拓展习题	二维码	页码
1	安全生产概述		28	5	职业安全技术		150
2	职业健康安全		50	6	个体防护用品管理与使用		164
3	作业现场安全管理		79	7	特种作业人员的管理		173
4	爆炸安全与防火防爆		100				

拓展阅读

序号	拓展阅读	二维码	页码	序号	拓展阅读	二维码	页码
1	中华人民共和国安全生产法		6	4	金属非金属矿山安全规程		140
2	中华人民共和国劳动法		7	5	中华人民共和国劳动合同法		166
3	中华人民共和国职业病防治法		8				

目录

第一章　安全生产概述

本章学习要点

- 理解安全生产方针。
- 了解安全生产相关法律法规知识。
- 理解并掌握现代安全管理制度。

第一节　安全生产方针

案例
1-1
　　某钢铁公司是一家集烧结、炼铁、炼钢、轧钢为一体，年生产能力为200万吨钢、200万吨铁、120万吨热轧板带钢的钢铁联合企业，现有职工3500人。为保证生产目标，公司始终把安全放在重要位置，让每一位职工真正树立"安全第一，预防为主，综合治理"的思想，用《安全管理考核细则》《危险源（点）的控制管理办法》《安全检查制度》《现场安全管理制度》等20项安全法规来约束自己，真正落实"谁主管，谁负责""谁在岗，谁负责"。在新职工上岗前，公司委托当地职业教育中心对新员工进行为期4周的岗前培训，"安全常识"和"专业知识"两科考试合格后方可上岗。每天上岗前进行安全宣誓，召开班前班后会议，组织职工进行安全技术交流。

案例
1-2
　　某市某区煤矿发生重伤事故两起，死亡1人，致残2人。为有效遏制煤矿事故多发势头，扭转全区煤矿安全生产工作面临的严峻形势，切实维护人民群众的生命财产安全，经研究决定，煤矿立即开展"一通三防"（通风、防瓦斯、防火、防尘）和安全生产停产整顿活动。

一、安全生产方针的含义

　　"安全第一，预防为主，综合治理"是我国的安全生产方针。《中华人民共和国安全生产法》明确规定："安全生产工作应当以人为本，坚持人民至上、生命至上，把保护人民生命安全摆在首位，树牢安全发展理念，坚持安全第一、预防为主、综合治理的方针，从源头上防范化解重大安全风险。"安全生产方针是由国家的性质决定的，是由发展生产的经济规律决定的，是由重视人的安全需要决定的，也是由企业的社会责任决定的。

　　安全生产方针是长期安全生产管理实践与经验的总结，是我国对安全生产工作提出的一个总的要求和指导原则，它为安全生产指明了方向。要搞好安全生产，就必须贯彻执行安全生产方针。

　　"安全第一，预防为主，综合治理"有着深刻的含义。

　　　　　　　　　珍爱生命，安全第一。

1. 安全第一

"安全第一"首先强调安全的重要性。安全与生产相比，安全是更重要的，因此要先安全后生产。也就是说，在一切生产活动中，要把安全工作放在首要位置，优先考虑。它是处理安全工作与其他工作关系的重要原则和总的要求。

"安全第一"体现了人们对安全生产的理性认识，这种理性认识包含两个层面。第一层面，生命观。它体现了人们对安全生产的价值取向，也体现了人类对自我生命的价值观。人的生命是至高无上的，每个人的生命只有一次，要珍惜生命、爱护生命、保护生命。事故意味着对生命的摧残与毁灭，因此在生产活动中，应把保护生命的安全放在第一位。第二层面，协调观，即生产与安全的协调观。任何一个系统有效运行的前提是该系统处于正常状态。因此，"正常"是基础，是前提。从生产系统来说，保证系统正常就是保证系统安全。安全是保证生产系统有效运转的基础条件和前提条件，如果基础条件和前提条件得不到保证，就谈不上有效运转。因此，"安全第一"应为重中之重。

2. 预防为主

"预防为主"是指安全工作应当做在生产活动开始之前，并贯彻始终。凡事预则立，不预则废。安全工作的重点应放在预防事故的发生上，应事先考虑事故发生的可能性，采取有效措施以尽量减少并避免事故的发生和事故造成的损失。因此，必须在从事生产活动之前，充分认识、分析和评价系统可能存在的危险性，事先采取一切必要的组织措施、技术措施，排除事故隐患。以"安全第一"的原则，处理生产过程中出现的安全与生产的矛盾，保证生产活动符合安全生产、文明生产的要求。

"预防为主"体现了人们在安全生产活动中的方法论，事故是由隐患转化为危险，再由危险转化而成的。因此，隐患是事故的源头，危险是隐患转化为事故过程中的一种状态。要避免事故，就要控制这种"转化"。严格地说，是控制转化的条件。那么，什么时候控制最有效？按照事物普遍的发展规律，事故形成的初始阶段，危害小、发展速度慢，这个时候消灭该事故花费的精力最少、成本最低。根据这个规律，消除事故的最好办法是消除隐患，控制隐患转化为事故的条件，把事故消灭在萌芽状态。因此，应把预防方法作为控制事故的主要方法。

3. 综合治理

"综合治理"是指适应我国安全生产形势的要求，自觉遵循安全生产规律，正视安全生产工作的长期性、艰巨性和复杂性，抓住安全生产工作中的主要矛盾和关键环节，综合运用经济、法律、行政等手段，人管、法治、技防多管齐下，并充分发挥社会、职工、舆论的监督作用，有效解决安全生产领域的问题。实施"综合治理"，是由我国安全生产中出现的新情况和面临的新形势决定的。在社会主义市场经济条件下，利益主体多元化，不同利益主体对待安全生产的态度和行为差异很大，需要因情制宜、综合防范；安全生产涉及的领域广泛，每个领域的安全生产又各具特点，需要防治手段的多样化；实现安全生产，必须从文化、法制、科技、责任、投入入手，多管齐下，综合施治；安全生产法律政策的落实，需要各级党委和政府的领导、有

关部门的合作，以及全社会的参与；目前，我国的安全生产面临经济结构调整、增长方式转变带来的挑战，要从根本上解决安全生产问题，就必须实施"综合治理"。从近年来安全监管的实践，特别是联合执法的实践来看，综合治理是落实安全生产方针政策、法律法规的有效手段。因此，综合治理具有鲜明的时代特征和很强的针对性，是我们党和政府在安全生产新形势下做出的重大决策，体现了安全生产方针的新发展。

将"综合治理"纳入安全生产方针，标志着对安全生产的认识上升到一个新的高度，秉承"安全发展"的理念，从遵循和适应安全生产的规律出发，从责任、制度、培训等多方面着力，形成标本兼治、齐抓共管的格局。

想一想，论一论

案例 1-1 中，该钢铁公司体现了什么样的安全生产方针？这一安全生产方针有着怎样的深刻含义？

案例 1-2 中，该煤矿根据生产现状制定了哪些整改措施？这些措施可以预防什么事故？它的指导思想是什么？

二、贯彻安全生产方针

安全与生产是辩证统一的，二者既相互依存、互为条件、目的一致，又会出现暂时、局部的矛盾。生产过程中的不安全因素会妨碍生产的顺利进行，当对生产过程中的不安全、不卫生因素采取措施时，有时会影响生产进度，增加生产开支。这种矛盾通过正确处理又是统一的，生产中的不安全因素通过采取措施消除后，可以转化为安全生产。实施安全生产措施，表面上看，有时会耽误生产或增加开支，但从整体上看，劳动条件改善了，劳动生产效率必然大大提高。

根据"安全第一，预防为主，综合治理"的方针，在生产活动中，要把劳动者的安全与健康放在第一位，确保生产的安全，即生产必须安全，也只有安全才能保证生产的顺利进行。实现安全生产的最有效措施就是积极预防，主动预防，实施综合治理。对于各级领导者和管理者来说，要坚持"以人为本"，在生产实际中首先考虑安全因素，在计划、布置、总结、检查、评比生产工作的同时，要首先计划、布置、总结、检查、评比安全工作。在保证劳动者安全与健康的前提下，改进工艺、技术、设备，增加产品品种、提高产量和产值，减少消耗、降低成本、增加利润。决不能不顾安全，片面追求提高产量和产值、降低消耗和成本，以及利润的增加。对于广大劳动者来说，要珍惜自己和他人的生命与健康，在进行每一项工作时，都要首先考虑在工作中可能存在的危险因素或事故隐患，应该采取预防措施来防止事故的发生；同时要严格遵守、执行安全操作规程，杜绝违章操作，以避免伤害自己和他人；决不能抱有侥幸心理，莽撞行事，把自己和他人的生命和健康当儿戏。

"预防"是实现"安全第一"的基础，它要求用人单位在整个生产劳动过程中提供符合劳动安全卫生规程和标准的劳动工具及劳动条件和环境，经常查隐患、找问题、堵漏洞，自觉形成一套预防事故、保证安全的制度，确保"物"处于安全状态；同时通过经常性的宣传、教育、培训，提高各级领导、管理人员和劳动者的安全素质，尽可能减少人的不安全行为和管理缺陷。

安全生产坚持"安全第一"，就必须以"预防为主"，实施"综合治理"。只有认真治理隐患，有效防范事故，才能把"安全第一"落到实处。事故发生后组织开展抢险救灾，依法追究责任，深刻吸取教训，固然十分重要，但对于生命个体来说，伤亡一旦发生，就不再有改变的可能。事故源于隐患，防范事故的有效办法，就是主动排查、综合治理各类隐患，把事故消灭在萌芽状态。不能等到付出了生命代价、有了血的教训之后再去改进。

"安全第一，预防为主，综合治理"是一个完整的体系，是相辅相成、辩证统一的整体。"安全第一"是原则，"预防为主"是手段，"综合治理"是方法。安全第一是预防为主、综合治理的统帅和灵魂，没有安全第一的思想，预防为主就失去了思想支撑，综合治理就失去了整治依据。预防为主是实现安全第一的根本途径。只有把安全生产的重点放在建立事故隐患预防体系上，超前防范，才能有效减少事故损失，实现安全第一。综合治理是落实安全第一、预防为主的手段和方法。只有采取综合治理，才能实现人、机、物、环境的安全，也只有不断健全和完善综合治理工作机制，才能有效贯彻安全生产方针，真正把安全第一、预防为主落到实处，不断开创安全生产工作的新局面。

想一想，论一论

案例 1-1、1-2 中的企业是如何贯彻安全生产方针的？当安全和生产发生冲突时，企业应该怎么做？

习 题

一、填空题

把_____作为我国的安全生产方针，是由_____的性质决定的，是由发展_____的经济规律决定的，是由重视_____需要决定的，也是由企业的_____决定的。

二、简答题

1. 我国的安全生产方针包含哪些深刻含义？
2. 贯彻安全生产方针应注意哪些问题？

第二节　安全生产法律法规知识

为确保"安全第一，预防为主，综合治理"方针的实施，我国颁布了以《中华人民共和国安全生产法》为代表的一系列法律法规，形成了相关的安全生产法律制度。从业人员学习安全生产法规知识，在工作中严格按照要求规范操作，主动制止违法、违章行为，无论对企业、他人还是自己，都是大有裨益的。

一、《中华人民共和国安全生产法》有关知识

《中华人民共和国安全生产法》（以下简称《安全生产法》）是我国第一部关于安全生产的专门法律，适用于各个行业的生产经营活动。它的根本宗旨是保护从业人员在生产经营活动中享有的保证生命安全和身心健康的权利。

拓展阅读：
中华人民共和国安全生产法

（一）从业人员的安全生产权利

根据《安全生产法》规定，从业人员享有五项权利。

1. 知情权、建议权

《安全生产法》第五十三条规定："生产经营单位的从业人员有权了解其作业场所和工作岗位存在的危险因素、防范措施及事故应急措施，有权对本单位的安全生产工作提出建议。"

与此相对应，责任方有完整、如实告知的义务，不得隐瞒和欺骗。同时对安全生产方面的合理建议有接受和改进的义务。

2. 批评、检举、控告权

《安全生产法》第五十四条规定："从业人员有权对本单位安全生产工作中存在的问题提出批评、检举、控告……生产经营单位不得因从业人员对本单位安全生产工作提出批评、检举、控告……而降低其工资、福利等待遇或者解除与其订立的劳动合同。"

3. 合法拒绝权

《安全生产法》第五十四条规定："从业人员有权拒绝违章指挥和强令冒险作业。生产经营单位不得因从业人员拒绝违章指挥、强令冒险作业而降低其工资、福利等待遇或者解除与其订立的劳动合同。"

4. 遇险停、撤权

《安全生产法》第五十五条规定："从业人员发现直接危及人身安全的紧急情况时，有权停止作业或者在采取可能的应急措施后撤离作业场所。生产经营单位不得因从业人员在前款紧急情况下停止作业或者采取紧急撤离措施而降低其工资、福利等待遇或者解除与其订立的劳动合同。"

5. 保（险）外索赔权

《安全生产法》第五十六条规定："因生产安全事故受到损害的从业人员，除依法享有工伤保险外，依照有关民事法律尚有获得赔偿的权利的，有权提出赔偿要求。"

（二）从业人员的安全生产义务

法制的基本特征之一是权利和义务应该对等。因此从业人员在享有上述权利的同时，还应该依法履行下列义务。

1. 遵章作业的义务

在生产实践中总结出来的各种安全生产规章制度和操作规程，是保证工人安全的法宝。因此，《安全生产法》第五十七条规定："从业人员在作业过程中，应当严格落实岗位安全责任，遵守本单位的安全生产规章制度和操作规程，服从管理。"

2. 佩戴和使用劳动防护用品的义务

劳动防护用品虽然会给生产活动带来某种不便，但却是保护操作者免受伤害的直接屏障。因此，《安全生产法》第五十七条规定："从业人员在作业过程中……正确佩戴和使用劳动防护用品。"

3. 接受安全生产教育培训的义务

无知是安全生产的第一杀手，要安全就要知道如何才能保证安全。因此，《安全生产法》第五十八条规定："从业人员应当接受安全生产教育和培训，掌握本职工作所需的安全生产知识，提高安全生产技能，增强事故预防和应急处理能力。"

4. 安全隐患报告的义务

《安全生产法》第五十九条规定："从业人员发现事故隐患或者其他不安全因素，应当立即向现场安全生产管理人员或者本单位负责人报告；接到报告的人员应当及时予以处理。"

二、《中华人民共和国劳动法》有关知识

（一）关于劳动安全卫生方面的规定

1. 用人单位在职业安全卫生方面的职责

《中华人民共和国劳动法》（以下简称《劳动法》）第五十二条规定："用人单位必须建立、健全劳动卫生制度，严格执行国家劳动安全卫生规程和标准，对劳动者进行劳动安全卫生教育，防止劳动过程中的事故，减少职业危害"。第五十四条规定："用人单位必须为劳动者提供符合

拓展阅读：
中华人民共和国劳动法

国家规定的劳动安全卫生条件和必要的劳动防护用品,对从事有职业危害作业的劳动者应当定期进行健康检查。"

2. 劳动者在职业安全卫生方面的权利和义务

《劳动法》第五十六条规定:"劳动者在劳动过程中必须严格遵守安全操作规程。劳动者对用人单位管理人员违章指挥、强令冒险作业,有权拒绝执行;对危害生命安全和身体健康的行为,有权提出批评、检举和控告。"

3. 伤亡事故的报告和处理

《劳动法》第五十七条规定:"国家建立伤亡和职业病统计报告和处理制度。县级以上各级人民政府劳动行政部门、有关部门和用人单位应当依法对劳动者在劳动过程中发生的伤亡事故和劳动者的职业病状况,进行统计、报告和处理。"

(二)关于工作时间和休息休假的规定

《劳动法》第四章"工作时间和休息休假"的主要内容为:"国家实行劳动者每日工作时间不超过 8 小时、平均每周工作时间不超过 44 小时的工时制度""用人单位应当保证劳动者每周至少休息 1 日""用人单位由于生产经营需要,经与工会和劳动者协商后可以延长工作时间,一般每日不得超过 1 小时;因特殊原因需要延长工作时间的,在保障劳动者身体健康的条件下延长工作时间每日不得超过 3 小时,但是每月不得超过 36 小时。"

(三)关于女职工和未成年工特殊保护的规定

《劳动法》第七章"女职工和未成年工特殊保护"的主要内容为:"国家对女职工和未成年工实行特殊劳动保护。未成年工是指年满 16 周岁未满 18 周岁的劳动者""禁止安排女职工从事矿山井下、国家规定的第四级体力劳动强度的劳动和其他禁忌从事的劳动""不得安排女职工在经期从事高处、低温、冷水作业和国家规定的第三级体力劳动强度的劳动""不得安排女职工在怀孕期间从事国家规定的第三级体力劳动强度的劳动和孕期禁忌从事的劳动""对怀孕七个月以上的女职工,不得安排其延长工作时间和夜班劳动""女职工生育享受不少于 90 天的产假""不得安排女职工在哺乳未满 1 周岁的婴儿期间从事国家规定的第三级体力劳动强度的劳动和哺乳期禁忌从事的其他劳动,不得安排其延长工作时间和夜班劳动。"

《劳动法》规定:"不得安排未成年工从事矿山井下、有毒有害、国家规定的第四级体力劳动强度的劳动和其他禁忌从事的劳动""用人单位应当对未成年工定期进行健康检查。"

拓展阅读:
中华人民共和国职业病防治法

三、《中华人民共和国职业病防治法》有关知识

(一)职业病防治工作的方针和基本管理原则

职业病防治工作的方针是"预防为主,防治结合",从致病源头抓起,做好前期预防。

职业病防治管理的基本管理原则是"建立用人单位负责、行政机关监管、行业自律、职工参与和社会监督的机制，实行分类管理、综合治理"，针对造成职业病的危害因素不同及危害程度不同，对职业病防治的管理需要分类进行。

（二）职业病的前期预防

为了避免不符合职业卫生要求的项目走先危害后治理的老路，《中华人民共和国职业病防治法》（以下简称《职业病防治法》）规定从根本上控制或者消除职业危害，即从可能产生职业危害的新建、扩建、改建建设项目和技术改造、技术引进项目的"源头"进行管理，实施预评价制度。

（三）劳动过程中的防护与管理

《职业病防治法》规定："对可能发生急性职业损伤的有毒、有害工作场所，用人单位应当设置报警装置，配置现场急救用品、冲洗设备、应急撤离通道和必要的泄险区。对放射工作场所和放射性同位素的运输、贮存，用人单位必须配置防护设备和报警装置，保证接触放射线的工作人员佩戴个人剂量计""用人单位应当按照国务院卫生行政部门的规定，定期对工作场所进行职业危害因素检测、评价""发现工作场所职业病危害因素不符合国家职业卫生标准和卫生要求时，用人单位应当立即采取相应治理措施，仍然达不到国家职业卫生标准和卫生要求的，必须停止存在职业病危害因素的作业；职业病危害因素经治理后，符合国家职业卫生标准和卫生要求的，方可重新作业。"

《职业病防治法》第二十四条规定："产生职业病危害的用人单位，应当在醒目位置设置公告栏，公布有关职业病防治的规章制度、操作规程、职业病危害事故应急救援措施和工作场所职业病危害因素检测结果。对产生严重职业病危害的作业岗位，应当在其醒目位置，设置警示标识和中文警示说明。警示说明应当载明产生职业病危害的种类、后果、预防以及应急救治措施等内容。"

为保证劳动者明确了解工作中存在的职业危害，《职业病防治法》第三十三条规定："用人单位与劳动者订立劳动合同（含聘用合同，下同）时，应当将工作过程中可能产生的职业病危害及其后果、职业病防护措施和待遇等如实告知劳动者，并在劳动合同中写明，不得隐瞒或者欺骗。"

（四）职业病的诊断管理

《职业病防治》规定："职业病诊断应当由取得《医疗机构执业许可证》的医疗卫生机构承担。卫生行政部门应当加强对职业病诊断工作的规范管理，具体管理办法由国务院卫生行政部门制定。承担职业病诊断的医疗卫生机构还应当具备下列条件：具有与开展职业病诊断相适应的医疗卫生技术人员；具有与开展职业病诊断相适应的仪器、设备；具有健全的职业病诊断质量管理制度。承担职业病诊断的医疗卫生机构不得拒绝劳动者进行职业病诊断的要求""劳动者可以在用人单位所在地、本人户籍所在地或者经常居住地依法承担职业病诊断的医疗卫生机构进行职业病诊断"；"职业病诊断，应当综合分析下列因素：病人的职业史；职业病危害接触史

和工作场所职业病危害因素情况；临床表现以及辅助检查结果等。没有证据否定职业病危害因素与病人临床表现之间的必然联系的，应当诊断为职业病。职业病诊断证明书应当由参与诊断的取得职业病诊断资格的执业医师签署，并经承担职业病诊断的医疗卫生机构审核盖章"。

（五）对职业病病人的治疗与社会保障

《职业病防治法》规定："用人单位应当及时安排对疑似职业病病人进行诊断；在疑似职业病病人诊断或者医学观察期间，不得解除或者终止与其订立的劳动合同。疑似职业病病人在诊断、医学观察期间的费用，由用人单位承担""用人单位应当按照国家有关规定，安排职业病病人进行治疗、康复和定期检查。用人单位对不适宜继续从事原工作的职业病病人，应当调离原岗位，并妥善安置。用人单位对从事接触职业病危害的作业的劳动者，应当给予适当岗位津贴""职业病病人变动工作单位，其依法享有的待遇不变。"

四、我国安全生产监管体制

搞好安全生产，离不了监督管理。我国安全生产实行"政府统一领导、部门依法监管、企业全面负责、群众参与监督、全社会广泛支持"的工作格局，这是我国安全生产工作长期积累总结得出的宝贵经验。

（一）国务院安全生产委员会

国务院安全生产委员会由国资委、公安部、监察部、全国总工会等部门的主要负责人组成。国务院安全生产委员会的任务是，在国务院领导下，研究、统筹、协调、指导关系大局的重大安全生产问题，具体工作由各部门分别管理。

国务院安全生产委员会的主要职责是：

（1）在国务院领导下，负责研究部署、指导协调全国安全生产工作。

（2）研究提出全国安全生产工作的重大方针政策。

（3）分析全国安全生产形势，研究解决安全生产工作中的重大问题。

（4）必要时，协调总参谋部和武警总部调集部队参加特大生产安全事故应急救援工作。

（5）完成国务院交办的其他安全生产工作。

国务院安全生产委员会主任、副主任、成员由国务院领导同志、有关部委及中宣部、解放军总参谋部等有关领导人员组成。

国务院安全生产委员会下设国务院安全生产委员会办公室。国务院安全生产委员会办公室的主要职责是：研究提出安全生产重大方针政策和重要措施的建议；监督检查、指导协调国务院有关部门和各省、自治区、直辖市人民政府的安全生产工作；组织国务院安全生产大检查和专项督查；参与研究有关部门在产业政策、资金投入、科技发展等工作中涉及安全生产的相关工作；负责组织国务院特别重大事故调查处理和办理结案工作；组织协调特别重大事故应急救援工作；指导协调全国安全生产行政执法工作；承办国务院安全生产委员会召开的会议和重要活动，督促、检查国务院安全生产委员会会议决定事项的贯彻落实情况；承办安委会交办的其他事项。

（二）中华人民共和国国家卫生健康委员会

中华人民共和国国家卫生健康委员会贯彻落实党中央关于卫生健康工作的方针政策和决策部署，在履行职责过程中坚持和加强党对卫生健康工作的集中统一领导，主要职责如下：

（1）组织拟订国民健康政策，拟订卫生健康事业发展法律法规草案、政策、规划，制定部门规章和标准并组织实施。统筹规划卫生健康资源配置，指导区域卫生健康规划的编制和实施。制定并组织实施推进卫生健康基本公共服务均等化、普惠化、便捷化和公共资源向基层延伸等政策措施。

（2）协调推进深化医药卫生体制改革，研究提出深化医药卫生体制改革重大方针、政策、措施的建议。组织深化公立医院综合改革，推进管办分离，健全现代医院管理制度，制定并组织实施推动卫生健康公共服务提供主体多元化、提供方式多样化的政策措施，提出医疗服务和药品价格政策的建议。

（3）制定并组织落实疾病预防控制规划、国家免疫规划以及严重危害人民健康公共卫生问题的干预措施，制定检疫传染病和监测传染病目录。负责卫生应急工作，组织指导突发公共卫生事件的预防控制和各类突发公共事件的医疗卫生救援。

（4）组织拟订并协调落实应对人口老龄化政策措施，负责推进老年健康服务体系建设和医养结合工作。

（5）组织制定国家药物政策和国家基本药物制度，开展药品使用监测、临床综合评价和短缺药品预警，提出国家基本药物价格政策的建议，参与制定国家药典。组织开展食品安全风险监测评估，依法制定并公布食品安全标准。

（6）负责职责范围内的职业卫生、放射卫生、环境卫生、学校卫生、公共场所卫生、饮用水卫生等公共卫生的监督管理，负责传染病防治监督，健全卫生健康综合监督体系。牵头《烟草控制框架公约》履约工作。

（7）制定医疗机构、医疗服务行业管理办法并监督实施，建立医疗服务评价和监督管理体系。会同有关部门制定并实施卫生健康专业技术人员资格标准。制定并组织实施医疗服务规范、标准和卫生健康专业技术人员执业规则、服务规范。

（8）负责计划生育管理和服务工作，开展人口监测预警，研究提出人口与家庭发展相关政策建议，完善计划生育政策。

（9）指导地方卫生健康工作，指导基层医疗卫生、妇幼健康服务体系和全科医生队伍建设。推进卫生健康科技创新发展。

（10）负责中央保健对象的医疗保健工作，负责党和国家重要会议与重大活动的医疗卫生保障工作。

（11）管理国家中医药管理局，代管中国老龄协会，指导中国计划生育协会的业务工作。

（12）完成党中央、国务院交办的其他任务。

（13）职能转变。国家卫生健康委员会应当牢固树立大卫生、大健康理念，推动实施健康中国战略，以改革创新为动力，以促健康、转模式、强基层、重保障为着力点，把以治病为中心转变到以人民健康为中心，为人民群众提供全方位全周期健康服务。一是更加注重预防为主和健康促进，加强预防控制重大疾病工作，积极应对人口老龄化，健全健康服务体系。二是更加注重工作重心下移和资源下沉，推进卫生健康公共资源向基层延伸、向农村覆盖、向边远地区和生活困难群众倾斜。三是更加注重提高服务质量和水平，推进卫生健康基本公共服务均等化、普惠化、便捷化。四是协调推进深化医药卫生体制改革，加大公立医院改革力度，推进管办分离，推动卫生健康公共服务提供主体多元化、提供方式多样化。

（14）有关职责分工。

1）与国家发展和改革委员会的有关职责分工。国家卫生健康委员会负责开展人口监测预警工作，拟订生育政策，研究提出与生育相关的人口数量、素质、结构、分布方面的政策建议，促进生育政策和相关经济社会政策配套衔接，参与制定人口发展规划和政策，落实国家人口发展规划中的有关任务。国家发展和改革委员会负责组织监测和评估人口变动情况及趋势影响，建立人口预测预报制度，开展重大决策人口影响评估，完善重大人口政策咨询机制，研究提出国家人口发展战略，拟订人口发展规划和人口政策，研究提出人口与经济、社会、资源、环境协调可持续发展，以及统筹促进人口长期均衡发展的政策建议。

2）与民政部的有关职责分工。国家卫生健康委员会负责拟订应对人口老龄化、医养结合政策措施，综合协调、督促指导、组织推进老龄事业发展，承担老年疾病防治、老年人医疗照护、老年人心理健康与关怀服务等老年健康工作。民政部负责统筹推进、督促指导、监督管理养老服务工作，拟订养老服务体系建设规划、法规、政策、标准并组织实施，承担老年人福利和特殊困难老年人救助工作。

3）与海关总署的有关职责分工。国家卫生健康委员会负责传染病总体防治和突发公共卫生事件应急工作，编制国境卫生检疫监测传染病目录。国家卫生健康委员会与海关总署建立健全应对口岸传染病疫情和公共卫生事件合作机制、传染病疫情和公共卫生事件通报交流机制、口岸输入性疫情通报和协作处理机制。

4）与国家市场监督管理总局的有关职责分工。国家卫生健康委员会负责食品安全风险评估工作，会同国家市场监督管理总局等部门制定、实施食品安全风险监测计划。国家卫生健康委员会对通过食品安全风险监测或者接到举报发现食品可能存在安全隐患的，应当立即组织进行检验和食品安全风险评估，并及时向国家市场监督管理总局等部门通报食品安全风险评估结果，对得出不安全结论的食品，国家市场监督管理总局等部门应当立即采取措施。国家市场监督管理总局等部门在监督管理工作中发现需要进行食品安全风险评估的，应当及时向国家卫生健康委员会提出建议。

5）与国家医疗保障局的有关职责分工。国家卫生健康委员会、国家医疗保障局等部门在医疗、医保、医药等方面加强制度、政策衔接，建立沟通协商机制，协同推进改革，提高医疗资源使用效率和医疗保障水平。

6）与国家药品监督管理局的有关职责分工。国家药品监督管理局会同国家卫生健康委员会组织国家药典委员会并制定国家药典，建立重大药品不良反应和医疗器械不良事件相互通报机制和联合处置机制。

（三）中华人民共和国应急管理部

中华人民共和国应急管理部主要职责：组织编制国家应急总体预案和规划，指导各地区各部门应对突发事件工作，推动应急预案体系建设和预案演练。建立灾情报告系统并统一发布灾情，统筹应急力量建设和物资储备并在救灾时统一调度，组织灾害救助体系建设，指导安全生产类、自然灾害类应急救援，承担国家应对特别重大灾害指挥部工作。指导火灾、水旱灾害、地质灾害等防治。负责安全生产综合监督管理和工矿商贸行业安全生产监督管理等。公安消防部队、武警森林部队转制后，与安全生产等应急救援队伍一并作为综合性常备应急骨干力量，由应急管理部管理，实行专门管理和政策保障，采取符合其自身特点的职务职级序列和管理办法，提高职业荣誉感，保持有生力量和战斗力。应急管理部要处理好防灾和救灾的关系，明确与相关部门和地方各自职责分工，建立协调配合机制。

（四）地方安全生产监督管理机构

县级以上地方人民政府设立安全生产委员会，以加强对地方安全生产工作的管理。县级以上地方人民政府安全生产委员会成员由行政、公安、交通、卫生、工商、劳动保障、旅游、建设、教育等部门组成。同时，县级以上地方人民政府设立安全生产监督管理的职能部门，专人专职，确保当地的安全生产顺利进行。

（五）安全生产行政监察部门

为了加强对负有安全生产监督管理职责的部门及其工作人员履行安全生产监督管理职责的监督，《安全生产法》第七十一条规定："监察机关依照监察法的规定，对负有安全生产监督管理职责的部门及其工作人员履行安全生产监督管理职责实施监察。"这是对监察机关依法对负有安全生产监督管理职责的部门及其工作人员依法履行职责实施监察的规定，也是和《中华人民共和国行政监察法》有关规定的衔接。

习　题

简答题

1. 我国职业病防治工作的基本方针是什么？

2. 从业人员的安全生产权利和义务有哪些？

3. 国家对女职工和未成年工实行哪些特殊劳动保护？

第三节　现代安全管理制度

案例 1-3　某机械厂职工李某和孙某正在对行车起重机进行检修。因为天气热，李某有点儿困，就靠在栏杆上休息，车间安全员赵某发现后，因和其关系不错，未加制止而后离开。这时孙某开动起重机，李某没注意，身体失去平衡，从起重机上掉下，结果造成严重摔伤。

一、安全生产责任制

（一）安全生产责任制的要点

安全生产责任制是企业各项安全生产规章制度的核心，是企业规章制度（如行政岗位责任制度、经济责任制度）的重要组成部分，也是国家有关法律法规在企业安全生产中的具体体现。安全生产责任制是按照安全管理方针和"管生产的同时必须管安全"的原则，将各级负责人员、各级职能部门及其工作人员和各岗位生产工人在安全生产方面应做的事情及应负的责任加以明确规定的一种制度。可以说，安全生产责任制是统一全体职工从事安全生产的行为准则。

安全生产责任制是根据"安全生产，人人有责"的原则来制定的，其内容既要明确谁来负责，又要明确负什么责。责任要"纵向到底"，即各级人员（从最高管理者到一般职工）都有相应的安全生产责任；"横向到边"，即各职能部门（如安全、设备、技术、生产、财务等部门）都有明确的安全生产责任制。不留空白和死角，整个企业要把安全工作纳入生产经营管理活动的各个环节，实现全员、全面、全过程的安全管理。

企业安全生产责任制的核心是实现安全生产的"五同时"，就是在计划、布置、检查、总结、评比生产的时候，同时计划、布置、检查、总结、评比安全工作。在制定贯彻安全生产责任制的过程中，应该注意下列要点。

1. 提高领导思想认识

搞好安全生产，关键在于领导。安全生产责任制能否切实建立并落实，取决于各级领导的思想认识和贯彻执行安全生产责任制的自觉性。所以，各级领导应该认真贯彻"安全第一，预防为主，综合治理"的方针，坚持"管生产的同时必须管安全"的原则，坚决执行安全生产

"五同时"。在建立健全企业管理制度的同时，必须将安全生产责任制建立起来，并认真地贯彻落实。

2. 制定安全生产责任制

在认真总结安全生产工作经验教训的基础上，根据本企业的实际情况，按照不同人员、不同岗位和生产活动情况，明确规定其具体的职责范围。在安全生产责任制的制定过程中，要广泛听取职工的意见；在制度审查批准后，要通告全体职工，以便监督检查。

3. 建立安全检查制度

企业要建立经常性的安全检查制度，检查安全生产责任制的制定和执行情况。首先，要检查各有关单位、有关人员是否建立了安全生产责任制，以及随着生产的发展或组织形式的改变，安全生产责任制是否及时得到调整和修订。其次，在每次安全生产检查中，应检查安全生产责任制的执行情况，如生产工人是否熟悉本岗位安全生产责任制的内容。最后，在每天的生产调度会上，应将安全生产情况、安全注意事项、安全生产责任制的落实情况作为安全生产的重要内容讲评，发现违反安全生产责任制的问题要认真研究，及时纠正。

4. 认真执行奖罚制度

为保证安全生产责任制落实和执行的效果，提高职工执行安全生产责任制的自觉性，企业应该把安全生产责任制与奖罚制度结合起来。对安全生产责任制执行好的单位和个人，要及时表扬、奖励；对执行差的要批评、教育，问题严重的还要给予经济和行政处罚。

5. 不断总结经验教训

在落实安全生产责任制的过程中，要及时总结安全生产的典型经验，树立先进，积极鼓励职工为实现安全生产献计献策，开展技术革新。同时，要抓住违章指挥和冒险作业的典型事例，对职工进行安全教育。严肃处理事故，认真吸取教训，把安全生产责任制落到实处。

（二）岗位责任制的内容

1. 车间主任（副主任）的安全职责

车间主任对本单位安全生产全面负责，副主任对分管业务范围内的安全工作负责。其职责如下。

（1）保证国家和上级安全生产法规、制度、指示和企业规章制度在本车间贯彻执行，将安全生产工作列入议事日程，做到"五同时"。

（2）组织制定并实施车间安全生产管理规定、安全操作规程和安全技术措施计划。

（3）组织对新工人进行车间安全教育和班组安全教育，对职工进行经常性的安全思想、安全知识和安全技术教育；开展岗位技术练兵，并定期组织安全技术考核；组织并参加每周一次的班组安全活动日，及时解决职工提出的问题。

（4）组织全车间的职工定期进行安全检查，落实隐患整改，保证生产设备、安全装置、消防设施、防护器材和急救器具等处于完好状态，并教育职工加强日常维护，正确使用。

（5）组织好各项安全生产活动，总结交流安全生产经验，表彰先进班组和个人。

（6）严格执行有关劳动保护用品、保健食品、清凉饮料等的发放标准，加强防护器材的管理，教育职工妥善保管。

（7）及时报告本车间发生的事故，注意保护现场；坚持"四不放过"的原则，即事故原因未查清楚不放过，事故责任者和周围群众未受到教育不放过，未制定防止事故重复发生的措施不放过，事故责任者未受到处理不放过。查清原因，采取防范措施，对事故的责任者提出处理意见。

（8）建立车间安全管理网，配备合格的安全管理、安全技术人员，支持车间安全员的工作，充分发挥班组安全员的作用。

2. 工段长、班组长的安全职责

（1）贯彻执行企业和车间对安全生产工作的要求，全面负责本班组（工段）的安全生产。

（2）组织职工学习、贯彻执行企业、车间各项安全生产规章制度和安全操作规程，教育职工遵章守纪，制止违章行为。

（3）组织职工参加"安全日""安全周""安全月""安全生产竞赛"等活动，坚持班前讲安全、班中检查安全、班后总结安全工作，表彰先进，推广经验。

（4）负责对新工人进行岗位安全教育。

（5）负责班组安全检查，发现事故隐患，及时组织力量消除，并报告上级。

（6）发生事故立即报告，组织抢救，保护现场，做好记录，参加和协助调查，落实防范措施。

（7）搞好生产设备、安全装置、消防设施、防护器材和急救器具的检查维护工作，使其保持完好和正常运行，督促教育职工合理使用劳动保护用品、用具，正确使用灭火器材。

3. 车间安全员的安全职责

（1）在车间主任的领导下，负责本车间的安全技术工作，协助车间主任贯彻执行安全生产各项规章制度和上级指示，并监督检查执行情况。

（2）参与车间制定、修改有关安全生产规章制度和安全技术规程，并检查执行情况。

（3）负责编制车间安全技术措施计划和隐患整改方案，并检查执行情况。

（4）搞好本车间职工的安全教育和安全技术考核工作，具体负责新入厂职工的车间安全教育，督促检查班组、岗位安全教育的执行情况。

（5）安排好本车间各项安全活动，经常组织反事故演习。

（6）参加车间改建、扩建工程项目的设计审查、竣工验收和设备改造及工艺变动方案的审查，使之符合安全技术要求。

（7）检查落实动火制度，确保动火安全。

（8）每天深入现场检查，及时发现隐患，制止违章作业，对紧急情况不听劝阻者，有权停止其工作，并立即报请领导处理。

（9）负责车间安全设施、防护器材、灭火器材的管理，掌握车间的尘毒情况，提出改进意见和建议。

（10）参加车间各类事故的调查处理，做好统计分析和上报工作。

（11）对班组安全员实行业务指导。

4. 班组安全员的安全职责

（1）协助班组长做好本班组的安全工作，接受车间安全员的业务指导；协助班组长做好班前安全布置、班中安全检查、班后安全总结工作。

（2）组织本班组开展各种安全活动，认真做好安全活动日记录，提出改进安全工作的意见和建议。

（3）对新入厂职工进行岗位安全教育。

（4）严格执行有关安全生产的各项规章制度，对违章作业应立即制止，并及时报告。

（5）检查督促班组人员合理使用劳动保护用品和各种防护用品、消防器材。

（6）当发生事故时，要及时救护遇险人员，了解情况，保护好现场，并向领导汇报。

5. 生产工人的安全职责

（1）认真学习和严格遵守安全生产的各项规章制度和劳动纪律，不违章作业，并劝阻制止他人的违章行为。

（2）精心操作，做好各项记录，在交接班时必须交接安全情况。

（3）按时认真进行安全检查，发现异常情况及时处理和报告。

（4）准确分析、判断和处理各种事故隐患，把事故消灭在萌芽状态；如果发生事故，要果断正确处理，及时如实地向上级报告，严格保护现场，做好记录。

（5）加强对设备的维护保养，保持作业场所卫生整洁。

（6）按规定着装，妥善保管、正确使用各种防护用品和消防器材。

（7）积极参加各种安全活动。

（8）有权拒绝违章作业的指令，对他人违章作业的行为加以劝阻和制止。

想一想，论一论

在案例1-3中，你认为3个人都尽到自己的安全职责了吗？如果你是安全员赵某，遇到这种情况，会怎么做？

二、安全教育制度

根据《劳动法》《安全生产法》的相关规定，企业必须对职工进行安全教育，使他们掌握基本的劳动安全与卫生知识，增强安全意识和提高操作技能。由于安全知识是保留在操作者头脑中的静态记忆，而安全意识和技能则是在外界刺激下表现出来的实际行动，要经过反复的教育

与训练才能具备，因此要经常对班组成员进行安全教育与训练，使他们具有安全生产的责任感和自觉性，牢固树立"安全第一"的意识，在掌握安全知识的基础上，提高安全操作技术水平。

（一）安全教育的内容

安全教育的内容，应根据不同设备、工艺、人员的特点来确定，要有侧重点。一般来说，安全教育的内容应包括4个方面。

1. 安全思想教育

安全思想教育应包括国家的安全生产方针、政策，安全生产法律、法规、劳动纪律等内容。通过教育，要让每个职工深刻认识到安全生产的重要性，提高"从我做起"，培养安全生产的责任感和自觉性。

2. 安全生产知识教育

安全生产知识包括：一般生产技术知识，即企业基本生产情况，工艺流程，设备性能，各种原材料和产品的构造、性能、质量、规格；基本安全技术知识，即职工必须具备的安全基础知识，主要内容有企业安全生产规章制度，企业内危险区域、设备的基本情况和注意事项，有毒、有害物质安全防护知识，厂内运输安全知识，高处作业安全知识，电气安全知识，防火防爆知识，个体防护用品使用知识等；岗位安全技术知识，即某一工种的职工必须具备的专业安全技术知识，主要内容有本工种、本岗位安全操作规程，标准化作业程序，事故易发部位，紧急处理方法等。

3. 安全技能教育

安全技能教育是从实际生产过程中总结提炼出来的，一般情况下以学习、掌握"操作规程"等来完成，有时通过教育指导者的言传身教来实现。无论用什么方法，受教育者都要经过自身的实践，反复纠正错误动作，逐渐领会和掌握正确的操作要领，才能不断提高安全技能的熟练程度。

4. 事故案例教育

事故案例是进行安全教育具有说服力的反面教材。教训也是经验，运用本系统、本单位，特别是同工种、同岗位的典型事故案例进行教育，可以使职工更好地树立"安全第一"的意识，总结经验教训，制定预防措施，防止在本单位、本岗位发生类似事故。

以上几个方面的安全教育是相辅相成、缺一不可的。安全教育不仅对缺乏安全知识和安全技能的人是必需的，对具有一定的安全知识、安全技能的人，同样是重要的。企业要把安全教育作为制度固定下来，经常开展。

（二）安全教育的形式

安全教育的形式是多种多样的。一般来说，应根据生产状况、人员素质、企业条件等情况不同而采取不同的教育形式。

1. 按教育方法分类

（1）上课。上课即集合全部职工，由安全管理人员或外请专家讲课，传授安全知识和技能。这种方法主要用于讲解国家的安全生产法律、法规，学习有关生产和安全的理论知识和技能，如各工种特别是特种作业人员的安全技术培训。

（2）讨论分析。这种教育形式的特点是，就安全生产中的某一问题或某一事故案例进行分析讨论，如事故发生后召开的事故现场会。通过讨论、分析，可以加深或正确理解某一问题，从已经发生的事故中总结出可供汲取的教训，并引以为戒。

（3）开展宣传。运用电视、录像、广播、黑板报、图片展览等宣传教育工具，积极宣传安全生产法律法规、安全知识和操作技能，进行事故案例分析等。

（4）开展竞赛活动。通过举办安全生产智力竞赛、消防运动会、操作技能比赛等活动，寓安全教育于竞赛活动之中，往往能达到较好的效果。

（5）参观学习。通过参观学习，可以借鉴其他单位、兄弟班组在安全生产方面的成功经验，品味动人事迹，借以推动本单位的安全工作。

2. 按教育时间分类

（1）集中教育。利用相对集中的一段时间，进行较为系统的安全教育，如学习国家的安全生产法律法规，本单位的生产、工艺、设备知识，以及安全规章制度，各工种的安全操作规程和技能等。集中安全教育能使职工比较全面、系统地掌握必要的安全知识和技能。但集中教育不能占用大量的工作时间，要合理安排，如利用设备大修期间或操作工的工作量普遍较少的时间。

（2）经常性教育。安全教育应该是长期的、连续的。因此，集中教育并不能使人在任何时候、任何地方、任何作业过程中始终如一地、百分之百地符合安全要求，这就需要坚持不懈地进行经常性的安全教育，利用各种机会（如班前班后会、发现职工有不安全行为和思想时、事故发生后等）开展生动活泼的安全生产教育。这种形式的教育时间短、针对性强，实行后容易收到效果，且印象较深，时时唤起职工强烈的安全意识和对事故的警觉，能起到警钟长鸣的作用。

通过形式多样的安全教育和训练，每个职工能提高和巩固安全技术素质和安全意识，掌握安全操作技能和处理设备故障的能力，从而达到"我懂安全""我会安全""我要安全"的状态。

在案例 1-1 中，该钢铁公司的安全教育形式有哪些？

（三）安全教育的要求

1. 企业负责人安全教育要求

企业法定代表人和厂长、经理必须经过安全教育并经考核合格后方能任职，安全教育时间

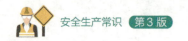

不得少于40学时。安全教育的教材由劳动行政部门指定或认可，应包括国家有关劳动安全卫生的方针、政策、法律、法规及有关规章制度，工伤保险法律、法规，安全生产管理职责、企业劳动安全卫生管理知识及安全文化，有关事故案例及事故应急处理措施等内容。

2. 安全卫生管理人员安全教育要求

企业安全卫生管理人员必须经过安全教育并经考核合格后方能任职，安全教育时间不得少于120学时。安全教育由地市级以上劳动行政部门认可的单位组织进行。安全教育应包括国家有关劳动安全卫生的方针、政策、法律、法规和劳动安全卫生标准，企业安全生产管理、安全技术、劳动卫生知识、安全文化、工伤保险法律、法规，职工伤亡事故和职业病统计报告及调查处理程序，有关事故案例及事故应急处理措施等内容。安全教育考核合格者，由劳动行政部门颁发任职资格证。

3. 部门、车间负责人安全教育要求

企业其他管理负责人（包括职能部门负责人、车间负责人）、专业工程技术人员的安全教育，由企业安全卫生管理部门组织实施，安全教育时间不得少于24学时。安全教育应包括劳动安全卫生法律、法规，本部门、本岗位安全卫生职责、安全技术、劳动卫生和安全文化等知识，有关事故案例及事故应急处理措施等内容。

4. 班组长、安全员安全教育要求

班组长和安全员的安全教育，由企业安全卫生管理部门组织实施，安全教育时间不得少于24学时。安全教育应包括劳动安全卫生法律、法规，安全技术、劳动卫生和安全文化的知识、技能，本企业、本班组和一些岗位的危险危害因素、安全注意事项、安全生产职责，典型事故案例及事故抢救与应急处理措施等内容。

5. 新员工安全教育要求

对新招收、新调入的职工，来厂实习的学生或其他人员，必须进行三级安全教育，即厂级安全教育、车间安全教育、班组安全教育。

（1）厂级安全教育的主要内容。

1）讲解劳动保护的意义、任务、内容及其重要性，使新入厂的职工树立起"安全第一"和"安全生产人人有责"的意识。

2）介绍企业的安全概况，包括企业安全工作的发展史、企业的生产特点、企业的设备分布情况（重点介绍接近要害部位、特殊设备的注意事项）、企业安全生产的组织机构、企业的主要安全生产规章制度（如安全生产责任制、安全生产奖惩条例、厂区交通运输安全管理制度、防护用品管理制度，以及防火制度等）。

3）介绍企业职工奖惩条例，以及企业内设置的各种警告标志和信号装置等。

4）介绍企业典型事故案例和教训，抢险、救灾、救人常识，以及工伤事故报告程序等。

厂级安全教育一般由企业安全卫生管理部门负责进行，时间为4~16学时。讲解应和看图片、参观劳动保护教育室结合起来，并发放一本内容浅显易懂的规定手册。

（2）车间安全教育的主要内容。

1）介绍车间的概况。例如，车间生产的产品、工艺流程及其特点，车间人员结构、安全生产组织状况及活动情况，车间危险区域，有毒有害工种情况，车间劳动保护方面的规章制度和对劳动保护用品的穿戴要求及注意事项，车间事故多发部位、原因、特殊规定和安全要求，车间常见事故和对典型事故案例的剖析，车间安全生产中的好人好事，车间文明生产方面的具体做法和要求。

2）根据车间的特点介绍安全技术基础知识。例如，冷加工车间的特点是金属切削机床多、电气设备多、起重设备多、运输车辆多、各种油类多、生产人员多和生产场地比较拥挤等。由于冷加工车间机床旋转速度快、力矩大，要教育工人遵守劳动纪律，穿戴好防护用品，小心衣服、发辫被卷进机器，避免手被旋转的刀具擦伤；要告诉工人在装夹、检查、拆卸、搬运工件，特别是大件时，要防止碰伤、压伤、割伤；调整工夹刀具、测量工件、加油，以及调整机床速度均须停车进行；在擦车时要切断电源，并悬挂警告牌；在清扫铁屑时不能用手拉，要用钩子钩；工作场地应保持整洁，道路畅通；装砂轮要恰当，附件要符合要求规格，砂轮表面和托架之间的空隙不可过大，操作时不要用力过猛，站立的位置应与砂轮保持一定的距离和角度，并戴好防护眼镜；加工超长、超高产品，应有安全防护措施等。其他如铸造、锻造和热处理车间，锅炉房，变配电站，危险品仓库，油库等，均应根据各自的特点，对新工人进行安全技术知识教育。

3）介绍车间防火知识，包括防火的方针、车间易燃易爆品的情况、防火的要害部位及防火的特殊需要、消防用品放置地点、灭火器的性能及使用方法、车间消防组织情况、遇到火险如何处理等。

4）组织新工人学习安全生产文件和安全操作规程制度，并应教育新工人尊敬师傅，听从指挥，安全生产。

车间安全教育由车间主任或企业安全卫生管理人员负责，授课时间一般需要 4~8 学时。

（3）班组安全教育的主要内容。

1）介绍本班组的生产特点、作业环境、危险区域、设备状况、消防设施等。重点介绍高温、高压、易燃易爆、有毒有害、腐蚀、高空作业等方面可能导致发生事故的危险因素，交代本班组容易出事故的部位和典型事故案例。

2）讲解本工种的安全操作规程和岗位责任。重点强调思想上应时刻重视安全生产，自觉遵守安全操作规程，不违章作业，爱护和正确使用机器设备和工具；介绍各种安全活动以及作业环境的安全检查和交接班制度；告诉新工人出了事故或发现了事故隐患，应及时报告领导者，采取措施。

3）讲解如何正确使用、爱护劳动保护用品和关于文明生产的要求。要强调机床转动时不准戴手套操作，高速切削要戴保护眼镜，女工进入车间戴好工作帽，进入施工现场和登高作业必须戴好安全帽、系好安全带，工作场地要整洁，道路要畅通，物件堆放要整齐等。

4）实行安全操作示范。组织重视安全、技术熟练、富有经验的老工人进行安全操作示范，

边示范、边讲解，重点讲安全操作要领，说明怎样操作是危险的、怎样操作是安全的、不遵守操作规程将会造成怎样的严重后果。

班组安全教育由班组长或安全员负责，授课时间大致为 2~8 学时。三级安全教育的内容既要全面，又要突出重点，讲授要深入浅出，最好边讲解，边参观。每经过一级教育，均应进行考试，以便加深印象。

三、安全检查制度

安全检查制度是消除隐患、防止事故、改善劳动条件的重要手段，是企业安全管理工作的一项重要内容。通过安全检查可以发现生产过程中的危险因素，以便有计划地采取措施，保证安全生产。

为了保证安全检查的效果，必须成立安全检查工作组，配备适当的力量。当安全检查的规模、范围较大时，由企业领导者负责组织企业安全卫生管理人员、工会及有关科室的科长和专业人员参加，在厂长或总工程师带领下，深入现场，发动群众进行检查；属于专业性检查的，可由企业领导者指定有关部门领导者带队，组成由专业技术人员、企业安全卫生管理人员、工会和有经验的老工人参加的安全检查组。每一次检查，事前必须有准备、有目的、有计划，事后有整改、有总结。

（一）安全检查的形式

安全检查的形式大体有以下几种。

1. 日常安全检查

生产岗位上的操作人员应在上班工作前、下班离岗前对有关的安全注意事项进行检查；班组长和班组安全员在上班后应督促检查本班组人员对各种规章制度的执行情况，发现不安全因素应及时处理，力求避免工作中事故的发生；安全技术部门人员应坚持经常深入现场，进行安全检查，听取群众意见，发现不安全问题及时督促有关部门加以解决；各级领导每日在布置工作的同时，要布置安全工作，并对所属单位进行安全检查；厂级负责生产的领导者应经常对各单位的安全工作进行指导。

安全检查的形式可以是现场巡回检查，也可以在调度会议上、在交接班日记上或在夜间值班时检查。在现场巡回检查时，必须按时间、地点、路线、内容认真进行。在交接班时，有关安全方面的问题必须认真交接。接班后认真检查，发现问题及时解决，解决不了的要上报车间，同时将情况写在交接班日记上。

安全检查的内容包括：①生产或施工前的准备工作。②生产或施工前的安全情况。③各类规章制度或注意事项执行情况。例如，安全操作规程、岗位责任制、工艺控制指标和劳动纪律等。④安全设备、消防器材及防护用具的配备和使用情况。⑤日常安全教育和安全活动日的活动情况。⑥设备检修中的安全工作情况。

2. 定期安全检查

定期安全检查是指已经列入计划，每隔一定时间进行的检查。例如，各车间和科室每月进行一次安全自查；全厂每季度组织一次安全大检查。此外，还有根据季节变化，有针对性地进行安全检查。春季以防雷、防静电、防触电、防建筑物倒塌为重点进行安全检查；夏季以防暑降温、防汛为重点进行安全检查，如"五一"劳动节前进行防暑降温安全检查；秋季以防火、安全防护设备的防冻保温为重点进行安全检查，如"十一"国庆节前后进行防冻保温安全检查；冬季以防火、防爆、防毒、防雪、防滑为重点进行安全检查。

季节性安全检查是群众性的安全大检查，各职能部门、各单位可结合岗位责任制，根据不同的检查内容有计划地进行检查。要边检查、边改进，及时总结和推广先进经验。对于限于物质技术条件当时不能解决的问题，应该制订计划，按期解决，务必做到条条有着落、件件有交代。

为保证节日生产安全，每逢节假日要进行一次节日前检查，组织有关单位和科室参加，包括元旦、春节、清明节、劳动节、端午节、国庆节前的 6 次检查，主要是检查节日的安全保卫措施，如节日值班、保密保卫、安全消防、节日生产准备等。

3. 专业性安全检查

根据某些生产和特殊设备存在的问题，组织专业性检查，以便重点发现某项专业性的不安全问题，通过检查整改加以消除。专业性安全检查的对象主要是：电气设备、起重设备、锅炉、压力容器、消防设施、危险易燃易爆物品、工业卫生等的检查。

开展专业性安全检查，以专业科室为主，组织有关部门和人员，按安全技术规程和标准规定的内容进行检查，每年不得少于一次。检查的每一个项目，都要做好详细记录，每次检查还要对前次检查登记的问题做出准确的鉴定。

4. 装置检修前安全检查

各种设备装置在检修时，首先都要由设备科会同企业安全卫生管理部门和有关部门进行安全检查，经检查合格后，方准许进入现场开展检修工作。当需要高空作业时，必须检查爬梯是否保险，竹梯底端有无防滑橡皮，作业面附近有无高压电源等不安全因素；在装置检修中需要动火的，要检查防火措施是否可靠，装置电源是否已切断，装置与外界连接的物料是否已断开。此外，还要注意检查作业场所是否已设置了安全标记或危险标记。

5. 开工前安全检查

由主管生产的厂长组织有关人员，对检修完工后开工前的准备工作进行安全检查，特别是重大设备和精密、稀有设备的检查。有关单位是必须参加的。检查内容主要有以下 8 个方面。

（1）检修工程是否完全结束，检修人员和检修设备是否撤离现场。

（2）要检查检修人员所带工具是否已经全部收齐，以免工具失落在装置内或装置的某一部位而影响装置的正常运转和生产或发生设备、人身事故。

（3）检修和新装的设备，是否符合质量标准，有无验收合格证。

（4）有关辅助设施，如梯子、平台、栏杆、坑沟盖板、安全装置及其他安全防护设施是否可靠齐全。

（5）生产用的"物材管线"是否畅通无阻。

（6）电源是否接线完好，有无漏电、气、油现象，静电接地装置是否完好可靠，接地电阻必须符合要求。

（7）照明、消防设备是否齐全好用。

（8）对改革后的新工艺、扩建后的装置，以及改造和新增加的设备，应组织操作人员进行安全教育和技术培训。

（二）检查准备

1. 思想准备

思想准备主要是发动职工，开展群众性的自检活动，做到群众自检和检查工作组检查相结合，从而形成自检自改、边检边改的局面。这样，既可提高职工主人翁的思想意识，又可锻炼职工发现问题、动手解决问题的能力。

2. 业务准备

业务准备主要有3个方面：①确定检查目的、步骤和方法，抽调检查人员，建立检查组织，安排检查日程；②分析过去几年发生的各类事故的资料，确定检查重点，以便把精力集中在那些事故多发的部门和工种上；③运用系统工程原理，设计、印制检查表格，以便按要求逐项检查，做好记录，避免遗漏应检查的项目，使安全检查逐步做到系统化、科学化。

（三）安全检查应注意的问题

安全检查作为一项综合性的检查制度，它对安全生产的督促指导作用是显而易见的，把它运用好、发挥好，就可以预防和减少各类事故的发生。安全检查要避免流于形式、避重就轻、蜻蜓点水。安全检查的发现、督促、指导、警示作用要得到应有的发挥。针对安全检查存在的问题，采取必要的措施、方法和手段，使安全检查真正发挥其检查、督促、指导的作用。

1. 明确目的

这是检查人员首先要解决的思想认识问题。当次检查，要检查什么，通过检查要达到什么目的，产生什么样的作用，检查人员应该做到心中有数，有的放矢。在安全检查中，常有这样一种情况：检查人员和被检查人员只知道要检查的大概内容，对检查的目的、意义并不十分清楚。这样的结果是，时间久了，检查的次数多了，检查人员习惯了，被检查人员松懈了、麻痹了、厌倦了。因此，每次检查之前，应采用开短会和现场动员会等方法，讲明检查的目的和意义，让每个参与者明确目的，统一认识，积极行动，保证检查顺利、有效地进行。

2. 突出重点

一般情况下，安全检查的时间和过程都比较短，如果泛泛而检，势必走马观花，以致漏检和误检，其收效不会明显，造成事倍功半的结果。因此，对安全检查应当全面结合、突出重点。

（1）检查《安全生产法》《劳动法》等法律法规的宣传、学习和贯彻执行情况，检查上级关于安全生产工作的重要批示、讲话、要求的贯彻落实和执行情况。

（2）检查开展全员安全知识教育培训、运用和推广情况；检查安全工作日常管理、日常检查情况，以及隐患的排查、防范和治理情况。

（3）检查对各类设备设施的保管和养护，特别是作业现场设备设施的管理、使用情况。

（4）检查安全工作的"软件"建设，重点是安全生产各项规章制度的制定、修改、补充、完善和执行情况。

3. 讲究方法

如果说讲明目的、明确意义是对安全检查人员思想认识上的要求，那么讲究方法、缜密安排就是有效防止安全检查流于形式的必然措施。

安全检查要克服形式主义、收到实效，并做到由此及彼、由表及里，真正体现安全检查的监督、指导作用，就必须采用符合实际的方法。那种"一问、二看、三谈、四查"的习惯做法，虽然有一定的作用，但往往只能查表面，不能从根本上解决问题，不适合实际工作的需要，因此亟待改革并注入新的活力。

4. 发现问题

安全检查不仅要求检查人员要有积极的态度、扎实的工作，而且要求检查人员有熟练的业务、丰富的经验、敏锐的思维、认真的观察、具体的分析、准确的判定。一般来说，安全检查可以从以下5个方面入手。

（1）发现安全制度、标准化建设、规范化管理等方面存在的与上级的规定和实际工作不相适应的地方及问题。

（2）通过对岗位的检查，发现或找出被查单位或个人在劳动纪律、到岗到位、执行制度等方面存在的不足或问题。

（3）通过对被查单位现有设备设施的性能、维修、保养、使用和现状等方面的检查，发现或找出设备设施方面存在的隐患或问题。

（4）运用科学仪器、检测设施，通过对设备、设施、现场管理、劳动组织等生产作业现场全方位的检测、控制和分析，发现或判定某个方面、某些因素、某个系统存在的隐患或问题。

（5）通过对作业现场的观察、分析、思考、推测、判定，运用熟练的业务知识和丰富的工作经验，确定或判定工作场所存在的隐患或问题，及早制定解决措施和方案，从而防患于未然。

5. 提出意见

对查找和发现的隐患或问题，检查人员应及时向被查单位、个人提出正确的处置意见，从而帮助他们发现问题、改进工作、加强管理。

6. 采取措施

问题摆明了，隐患查清了，原因找到了，被查单位、个人应该想办法堵漏洞。对于由于某

些原因不能立即整改的隐患，应逐项分析研究。可采取的措施主要有以下3种。

（1）一般防范措施，即对事故隐患及可能发生的灾害、后果、涉及范围采取的诸如维修、养护、支护等旨在避免事故的蔓延、扩大等方面的防范措施。

（2）特殊防范措施，即针对事故隐患的现状、成因采取的诸如停产整顿、全面检修、布局调整等标本兼治的措施。

（3）限期整改措施，即针对已查明的隐患情况和缓急程度，要求被查单位定时、定责任、定人员，按照"四不放过"原则，必须在规定时间内对隐患加以处理、整改。

安全检查是促进安全生产的一种手段，目的是消除隐患和不安全因素，达到安全生产的要求。消除事故隐患的关键是及时整改。

四、安全管理模式

安全管理模式是反映系统化、规范化安全管理的一种体系和方式，它是在长期安全管理经验的基础上，将现代安全管理理论与事故预防工作实践经验相结合的产物。安全管理模式一般应包括安全目标、原则、方法、过程和措施等要素，具有动态、系统的特征，如抓住事故预防工作的关键性问题，强调决策者和管理者在安全工作中的关键作用；提倡系统化、标准化、规范化的管理思想，强调全面、全员、全过程的安全管理；推行目标管理、全面安全管理的对策，不但强调控制人行为的软环境，而且还要有不断改善生产作业条件等硬件环境。

从不同的角度归纳和总结安全管理模式，并理解、掌握和运用于实践，对于改进企业的安全管理，提高企业安全生产的保障能力具有良好的作用。

（一）综合安全管理模式

企业综合安全管理模式是在新的经济运行机制下提出来的，其思想是：无论人身伤亡事故，还是财产损失事故；无论交通事故，还是火灾事故，都对人类造成危害和损害。这些是人们不希望发生的。无论从事故根源、过程和后果分析，都有共同的特点和规律，企业对其进行防范和控制，也都有共同的对策和手段。因此，把企业的各类专业性安全工作，如机械设备安全、特种设备安全、消防安全等进行综合管理，对于提高企业综合管理成本有着重要的作用。因此，建立"大安全"的综合安全管理模式是当今企业安全管理的发展趋势。

（二）对象化的安全管理模式

1. "以人为中心"的安全管理模式

"以人为中心"的安全管理模式的基本内涵是把管理的核心对象集中于生产作业人员，体现以人为本的管理思想，即安全管理应该建立在研究人的心理、生理素质基础上，以纠正人的不安全行为、控制人的误操作作为安全管理目标。以这种模式为代表的是："三不伤害"活动（不伤害自己、不伤害他人、不被他人伤害）；"安全人"管理模式；"人基严"模式（人为中心，基本功、基层工作、基层建设，严字当头，从严治厂）等。

2. "以管理为中心"的安全管理模式

这种管理模式基于如下认知：一切事故原因来源于管理缺陷，因此现代的管理模式既要吸收科学安全管理的精华，又要提炼出本单位安全生产的经验，更要能够运用现代安全管理理论。在实践中运用，比较成功的有如下几种。

（1）"0123"管理模式。该方法是某钢铁公司提出并采用的，其内涵是：重大事故为零的管理目标——0；第一把手作为第一负责人——1；岗位、班组标准化的双标建设——2；开展"三不伤害"活动，即不伤害自己，不伤害他人，不被别人伤害——3。

（2）"0456"管理模式。由某石化公司首创，其内涵是：围绕一个安全目标——事故为零；以"四全"——全员、全过程、全方位、全天候作为对策；五项安全标准化建设——安全法规系列化、安全管理科学化、安全培训正规化、工艺设备安全化、安全卫生设施现代化；六大安全管理体系——安全生产责任制落实体系、规章制度体系、教育培训体系、设备维护和整改体系、事故抢救体系、科研防治体系。

（3）"三化五结合"模式。由某矿首创，其内容是：三化——行为规范化、工作程序化、质量标准化；五结合——传统管理与现代管理相结合、反"三违"与自主保安全相结合、奖惩与思想教育相结合、主观作用与技术装备相结合、监督检查与超前防范相结合。

（三）程序化的安全管理模式

1. 事后型安全管理模式

事后型安全管理模式是一种被动的管理模式，即在事故或灾难发生后进行亡羊补牢，以免同类事故再发生的一种管理模式。这种模式遵循如图 1-1 所示的技术步骤。

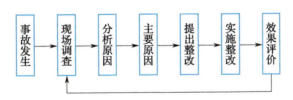

图 1-1　事后型安全管理模式的技术步骤

2. 预防型安全管理模式

预防型安全管理模式是一种主动、积极地预防事故或灾难发生的对策，是现代安全管理和减灾对策的重要方法和模式。其基本技术步骤如图 1-2 所示。

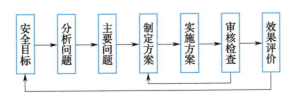

图 1-2　预防型安全管理模式的基本技术步骤

习 题

安全微课：
安全生产概述

一、填空题

1. 安全检查时应注意做到明确目的，突出_____，讲究方法，发现_____，提出意见，采取_____。

2. "0123"管理模式和"0456"管理模式中的"0"是指_____。

二、简答题

1. 安全生产责任制应该注意哪些要点？

2. 安全教育的内容包括哪些方面？

3. 如果你是企业负责人，你会如何对新入厂职工进行安全教育？

拓展习题：
安全生产概述

复习题

1. 安全检查具体有哪些形式？

2. 根据你了解的企业，结合生产实际，谈一谈企业是如何贯彻安全生产方针的。

3. 设想自己未来的工作岗位，结合所学内容，简要叙述应如何遵守岗位职责。

　宁为安全操心，不让亲人伤心。

第二章　职业健康安全

本章学习要点

- 掌握职工在安全生产方面的权利。
- 理解职工在安全生产方面的义务。
- 了解职业健康危害及预防。

第一节　职工在安全生产方面的权利

案例
2-1
某日，某煤矿矿长安排 29 名工人下井采煤。工人发现工作面有透水现象，要求停止工作。但没得到矿长的允许，工人只好继续冒险作业。约 10min 后，井下发生透水事故，17 名井下采煤工人不幸遇难。

案例
2-2
某机械加工厂电焊车间承担一批急需焊接的零部件。当时车间有专业焊工 3 名，因交货时间较紧，3 台手工焊机要同时开工。由于有的零部件较大，需要定位焊接，电焊工人不能独立完成作业，必须他人协助才行。车间主任在没有配发任何防护用品的情况下，临时安排 3 名钣金工辅助电焊工操作。电焊车间面积约 $40m^2$、高 10m，3 台焊机同时操作，3 名辅助工在焊接时需要上前扶着焊件，电光直接照射眼睛和皮肤，他们距离光源大约 1m，每人每次上前扶焊件约 30min、60min 不等。工作了半天，下班回家后不到 4h，除电焊工佩戴有防护用品没有任何部位灼伤外，3 名辅助工的眼睛、皮肤都先后出现了症状。3 名辅助工均为男性，年龄在 25~40 岁之间。出现的症状有眼睛剧痛、怕光、流泪，皮肤有灼热感，痛苦难忍，疼痛剧烈，即日到医院救治。检查发现 3 人的眼球结膜均充血、水肿，面部、颈部等暴露部位的皮肤表现为界限清楚的水肿性红斑，其中 1 名辅助工穿着背心、短裤上前操作，结果肩部、两臂及两腿内侧均出现大面积水疱，并且有部分已脱皮。事发后，该机械加工厂按原工资标准支付 3 名钣金工工资，并支付医疗费用。

《中华人民共和国工会法》《中华人民共和国劳动法》《中华人民共和国职业病防治法》《中华人民共和国安全生产法》《中华人民共和国矿山安全法》《中华人民共和国尘肺病防治条例》等有关劳动安全卫生的法律法规，规定了职工劳动安全和职业健康权益，同时职工对安全生产工作进行监督等内容也纳入有关法律规定。每一个职工都应该了解国家法律法规赋予自己的权利，珍惜这些权利。当受到侵害时，能够自觉地争取和维护自己的合法权益。

一、获得劳动安全健康保护的权利

《中华人民共和国宪法》（简称《宪法》）第四十二条规定："国家通过各种途径，创造劳动就业条件，加强劳动保护，改善劳动条件，并在发展生产的基础上，提高劳动报酬和福利待遇。"劳动者在安全卫生的条件下进行劳动是生存权利的基本要求。如果劳动者在生命、健康没有保障的情况下工作，那么，对于劳动者来说，劳动权就是毫无意义的。

《安全生产法》第六条规定："生产经营单位的从业人员有依法获得安全生产保障的权利，并应当依法履行安全生产方面的义务。"生产经营单位的所有制形式、规模、行业、作业条件和管理方式不尽相同，法律不可能也不需要对其从业人员所有的劳动安全健康权利都做出具体的规定，《安全生产法》主要规定了各类从业人员必须享有的、有关安全生产和人身安全健康的最重要、最基本的权利，首先就是获得劳动安全健康保护的权利。

二、知情权、建议权

《安全生产法》第五十二条规定："生产经营单位的从业人员有权了解其作业场所和工作岗位存在的危险因素、防范措施及事故应急措施，有权对本单位的安全生产工作提出建议。"从业人员安全健康危险、危害因素包括接触粉尘，工作面透水，发生火险，瓦斯爆炸，高空坠落，暴露在有毒有害、放射性、腐蚀性、易燃易爆等场所，引发人身伤亡事故的可能因素。从业人员有权了解企业安全情况、作业现场安全情况；有权了解作业规程和安全技术措施制定的执行情况；有权要求班前讲安全并了解安全生产注意事项；交接班时有权要求交代作业地点安全情况；进入工作面前，有权要求跟班干部或带班班长检查工作面，制定具体安全措施，从而使从业人员获得并掌握这些造成危害因素的处理办法，避免安全健康事故的发生。否则生产经营单位就侵犯了从业人员的权利，并对由此产生的后果承担相应的法律责任。

从业人员作为生产经营单位的主体，当然会关心生产经营单位的生产经营情况，且本单位的经济效益与从业人员的切身利益息息相关，特别是安全生产工作更是涉及从业人员的生命安全和健康。因此，从业人员有权利参与用人单位的民主管理。从业人员通过参与生产经营的民主管理，可以充分调动其积极性与主动性，可以充分发挥其聪明才智，为本单位献计献策，对安全生产工作提出意见与建议，共同做好生产经营单位的安全生产工作。生产经营单位要重视和尊重从业人员的意见和建议，并对他们的意见和建议及时做出答复。合理的意见应当采纳；对不予采纳的意见应当给予说明和解释。

三、拒绝权

某煤矿开拓区的早班工人发现工作面顶板有危险，要求立即停止作业。虽然跟班区长不同意，但工人还是坚持出井。然而，在早班已发现危险的情况下，接着上中班的跟班支部书记仍对此不以为然，没有采取架棚措施，只拿一根长 2.8m、直径不到 10cm 的圆木立在浮矸上，顶着上部 3m 多高处一块重达 260kg 的大石头。工人看着这块大石头担心地说："要是这块石头倒下来就不得了，要砸死人的！"结果中班工人只装了一方多矸石，石头就倒下来了，将年仅 25岁的工人张某砸倒，经抢救无效死亡。其年迈的父母得知唯一的儿子离去，悲痛欲绝，病倒在

床。这是一起拒绝危险作业保平安，屈从违章指挥致悲剧的典型案例。

《安全生产法》第五十四条规定：生产经营单位不得因从业人员……拒绝违章指挥、强令冒险作业而降低其工资、福利等待遇或者解除与其订立的劳动合同。

生产经营单位可能出现为了追求某些利益强令从业人员违章操作、冒险作业而造成事故的现象。因此法律规定从业人员有权拒绝违章操作、冒险作业。生产经营单位不得以此为借口对从业人员打击报复。

想一想，论一论

案例2-1中生产经营单位侵犯了从业人员哪些职业安全健康权利？从业人员应该如何维护自己的职业安全健康权利？

四、监督权

职工有权对企业贯彻、执行党和国家安全生产方针情况，有关安全生产法规、安全生产管理制度执行情况，管理干部安全行为，作业现场安全情况，安全技术措施专项费用使用情况进行监督。从业人员工作在生产一线，在安全监督方面能够比较客观公正地履行职责，发挥重要作用，也可以在监督企业领导者执行安全生产方针、政策、法规和标准方面，充分行使自己的权利。对于企业领导者忽视安全生产问题，职工有权提出批评和建议，并督促有关方面及时改进。在生产中，如遇有领导者违章指挥，强令工人冒险作业；生产设备有重大隐患或尘毒危害严重，有条件解决而不解决；发生急性中毒和重大事故以后，险情尚未排除，没有采取必要的安全措施；在新建、改建、扩建工程中，安全卫生设施与主体工程没有实行"三同时"（同时设计、同时施工、同时运行），存在严重危害职工安全与健康的情况等，督促领导者限期解决。

五、紧急情况下的停止作业和紧急撤离权

《安全生产法》第五十五条规定："从业人员发现直接危及人身安全的紧急情况时，有权停止作业或者在采取可能的应急措施后撤离作业场所。生产经营单位不得因从业人员在前款紧急情况下停止作业或者采取紧急撤离措施而降低其工资、福利等待遇或者解除与其订立的劳动合同。"

从业人员在行使这项权利的时候，必须明确四点：一是危及从业人员人身安全的紧急情况必须有确实可靠的直接根据，凭借个人猜测或者误判而实际并不属于危及人身安全的紧急情况除外，该项权利不能滥用。二是紧急情况必须直接危及人身安全，间接或者可能危及人身安全的情况不应撤离，而应采取有效处理措施。三是出现危及人身安全的紧急情况时，首先是停止作业，然后要采取可能的应急措施，采取应急措施无效时，再撤离作业场所。四是该项权利不

适用于某些从事特殊职业的从业人员，例如飞行人员、船舶驾驶人员、车辆驾驶人员等，根据有关法律和职业惯例，在发生危及人身安全的紧急情况下，他们不能或者不能先行撤离从业场所或者单位。

六、享有工伤保险和获得伤亡赔偿的权利

《安全生产法》第五十二条规定："生产经营单位与从业人员订立的劳动合同，应当载明有关保障从业人员劳动安全、防止职业危害的事项，以及依法为从业人员办理工伤保险的事项。生产经营单位不得以任何形式与从业人员订立协议，免除或者减轻其对从业人员因生产安全事故伤亡依法应当承担的责任。"第五十六条规定："因生产安全事故受到损害的从业人员，除依法享有工伤保险外，依照有关民事法律尚有获得赔偿的权利的，有权提出赔偿要求。"第五十一条规定："生产经营单位必须依法参加工伤保险，为从业人员缴纳保险费。"此外，法律还对生产经营单位与从业人员订立协议，免除或者减轻其对从业人员因生产安全事故伤亡依法应承担的责任的，规定该协议无效，并对生产经营单位主要负责人、个体经营的投资人处以 2 万元以上 20 万元以下的罚款。

想一想，论一论

案例 2-2 中生产经营单位侵犯了从业人员哪些职业健康安全权利？从业人员应该如何维护自己的职业健康安全权利？

七、休息休假权利

《劳动法》第三十六条规定："国家实行劳动者每日工作时间不超过八小时、平均每周工作时间不超过四十四小时的工时制度。"第三十七条规定："对实行计件工作的劳动者，用人单位应当根据本法第三十六条规定的工时制度合理确定其劳动定额和计件报酬标准。"第三十八条规定："用人单位应当保证劳动者每周至少休息一日。"第三十九条规定："企业因生产特点不能实行本法第三十六条、第三十八条规定的，经劳动行政部门批准，可以实行其他工作和休息办法。"第四十条规定："用人单位在下列节日期间应当依法安排劳动者休假：（一）元旦；（二）春节；（三）国际劳动节；（四）国庆节；（五）法律法规规定的其他休假节日。"

某市在一次安全生产联合大检查中发现，一企业为了突击完成一批出口任务，职工每天工作时间长达 10～12 小时，而且每星期只有一天的休息日，平时每周工作时间超过了 60 小时，有时甚至达到 70 小时。该企业延长工作时间从未与工会和职工协商，带有强制性，并且不按规定支付任何加班工资。厂长认为，厂里的生产任务紧，如果不延长工作时间，根本完不成合同任务；若多支付工资，企业就赚不到钱，无法生存。这种以生产任务紧，随意延长劳动者的工作

时间的做法是不合法的。这是一起严重违反国家工时制度规定，侵犯劳动者休息休假权利的案例。

本案例中，该企业既未与工会协商，又未与劳动者协商，强制性地随意延长劳动者的工作时间，且延长的工作时间不符合《劳动法》的规定，并不支付任何加班工资，违反了《劳动法》的规定，侵犯了劳动者的合法权益。应在规定时间内全额支付劳动者加班工资，并加发加班工资报酬的 25% 的经济补偿金。

习　题

一、判断题

1. 在凭借个人猜测，实际并不属于危及人身安全的情况下，从业人员可停止作业和紧急撤离。　　　　　　　　　　　　　　　　　　　　　　　　　　　（　　）

2. 从业人员拒绝违章操作，生产经营单位可解除从业人员劳动合同。　（　　）

3. 延长劳动者的工作时间，生产经营单位可不支付任何加班工资。　（　　）

4. 从业人员获得并掌握造成安全健康危害因素的处理办法是生产经营单位的义务。（　　）

二、简答题

1. 职工在安全生产方面的权利有哪些？

2. 知情权包含哪些内容？

第二节　职工在安全生产方面的义务

案例 2-3　　某钢铁公司炼铁厂矿槽除尘岗位工张某在矿槽除尘储灰仓卸灰过程中因灰仓压力大，星形卸灰阀西侧护盖脱开，有大量灰外泄到加湿机平台上。张某在未采取任何防护措施，未停机的情况下攀上加湿机上安装卸灰阀护盖。此时，加湿机上方的检修孔盖未关闭，张某在安装卸灰阀护盖时，一时疏忽左脚踩到加湿机内，左腿膝盖以下被加湿机绞伤。事故发生时矿槽除尘值班人员只有张某，事故发生后被现场施工人员发现并告知拉灰车司机，司机马上通知调度，拨打120急救，后被送往医院，这次事故导致张某从膝盖处截肢。

职工在享受劳动安全健康权利的同时，也应履行一定的义务。《劳动法》中规定：劳动者应当……执行劳动安全卫生规程，遵守劳动纪律和职业道德。职工认真履行自己的义务是为了保障自己和他人的安全和健康。

根据有关法律法规，在劳动安全健康方面，职工应尽的义务如下。

1. 遵守安全生产规章制度和操作规程

安全生产规章制度和操作规程是为了保护劳动者在劳动过程中的安全和健康，防止和消除伤亡事故和职业病而制定的各种技术性规章制度，它们来自生产实践和事故经验教训，反映了客观规律。自觉遵守这些规章制度和操作规程，是职工在安全生产方面的一项法定义务，能避免遭受伤亡事故和职业性危害因素的伤害；如果不讲科学，违反规章制度，就有可能引发事故。

想一想，论一论

在案例 2-3 中，张某未遵守哪些操作规程，最终导致本起事故的发生？

2. 服从管理

职工服从管理，可以保持生产经营活动的良好秩序，有效地避免、减少伤亡事故的发生。因此，职工服从管理是应履行的一项义务。当然，职工应当服从的是正当、合理的管理，对于违章指挥、强令冒险作业，职工有权拒绝。

3. 正确佩戴和使用劳动防护用品

劳动防护用品是保护职工在劳动过程中安全与健康的一种防御性装备，是企业为保护职工在生产劳动过程中的安全与健康而提供给职工个人使用的保护用品。不同的劳动防护用品有其特定的佩戴和使用方法，只有正确佩戴和使用，才能真正起到防护作用。企业应当为职工提供符合国家标准或者行业标准要求的劳动防护用品，但如果职工不能正确佩戴和使用劳动防护用品，仍然不能真正发挥劳动防护用品的作用。因此，职工在作业过程中必须按照规则和要求正确佩戴和使用劳动防护用品。履行这项义务既是保护职工自身安全和健康的需要，也是实现安全生产的客观需要。

4. 接受安全教育和培训

《安全生产法》第五十八条规定："从业人员应当接受安全生产教育和培训，掌握本职工作所需的安全生产知识，提高安全生产技能，增强事故预防和应急处理能力。"生产经营活动的复杂性和多样性决定了安全知识和技能的复杂性和多样性。要防止发生伤亡事故，职工必须具备安全生产知识、技能和事故应急处理能力，而要达到这个目的，就要通过必要的安全教育和培训来实现。因此，企业必须履行对职工进行安全教育和培训的义务，而职工则要认真接受安全教育和培训，这是职工的一项法定义务。

5. 对事故隐患及不安全因素及时报告

职工直接承担着具体的作业活动，更容易发现事故隐患或者其他不安全因素，一旦发现事故隐患和职业性危害因素，应当立即向现场安全管理人员或者本单位负责人报告，不得隐瞒不报或者延迟报告。职工及时报告，对企业及时消除事故隐患和不安全因素，采取必要的安全防范措施，具有十分重要的意义。可以说，职工报告得越早，事故隐患可能造成的危害就越小。当然，职工发现事故隐患或不安全因素后，应当如实报告，既不能夸大事实，也不能大事化小，以免影响对事故隐患和不安全因素的处置。

习　题

一、填空题

1. _____和_____是为了保护劳动者在劳动过程中的安全和健康。
2. 职工在作业过程中必须按照规则和要求正确佩戴和使用_____。
3. 一旦发现事故隐患和职业危害，职工应当立即向_____或_____报告。
4. 职工要认真接受企业的_____和_____。

二、简答题

1. 职工在安全生产方面有哪些义务？
2. 举例说明正确佩戴和使用劳动防护用品的必要性。

第三节　职业健康危害及预防

案例 2-4　某机械厂机修焊工秦某进入直径1m、高2m的繁殖锅内焊接挡板，由于未装排烟设备，而用氧气吹散锅内烟气，使烟气消失。当焊工再次进入锅内焊接作业时，只听"轰"的一声，该焊工烧伤面积达88%，三度烧伤占60%，抢救7天后死亡。

案例 2-5　某省职业病防治院会同某有限公司进行调查。专家了解到，工人不仅长期在汞污染条件下工作，而且该厂建厂以来从未给工人进行体检。经过空气检测，12个采样点空气汞含量全部超标；体检显示全厂300多位工人中有120多位工人体内的汞超标（最高的超10倍），全部住院治疗。

安全标语 ▶　预防职业病从我做起。

一、职业危害的来源

在生产过程中、劳动过程中、作业环境中存在的危害劳动者健康的因素，称为职业性危害因素。按其来源可概括为三类：①与生产过程有关的职业性危害因素：来源于原料、中间产物、产品、机器设备的工业毒物、粉尘、噪声、振动、高温、电离辐射及非电离辐射、污染性因素等职业性危害因素；②与劳动过程有关的职业性危害因素：作业时间过长、作业强度过大、劳动制度与劳动组织不合理、长时间强迫体位劳动、个别器官和系统过度紧张，均可造成对劳动者健康的损害；③与作业环境有关的职业性危害因素：主要是指与一般环境因素有关的，如露天作业的不良气象条件、厂房狭小、车间位置不合理、照明不良等。

二、作业环境温度对健康的影响及预防

1. 高温危害

（1）高温对人体的影响。高温作业人员的作业能力随温度的升高而明显下降。研究资料表明，当环境温度达到28℃时，人的反应速度、运算能力、感觉敏感性及运动协调功能都明显下降。普通作业人员的作业能力，在35℃时仅为一般情况下的70%左右；重体力劳动作业人员的能力，在30℃时只有一般情况下的50%~70%，在35℃时则仅有30%左右。高温环境使劳动效率降低，增加操作失误率，引起中暑（热射病、日射病、热痉挛、热衰竭）；长期高温作业（数年）可出现高血压、心肌受损和消化功能障碍等病症。

（2）高温作业的防护措施。高温作业的防护措施主要是根据各地区对限制高温作业级别的规定（例如，建设项目宜消除Ⅲ、Ⅳ级高温作业）采取措施。

1）尽可能实现自动化和远距离操作等隔热操作方式，设置热源隔热屏蔽（热源隔热保温层、水幕、隔热操作室（间）、各类隔热屏蔽装置）。

2）通过合理组织自然通风气流，设置全面、局部送风装置或空调降低工作环境的温度。供应清凉饮料。

3）使用隔热服等个人防护用品。解决高温作业危害要做好防暑降温，主要措施是隔热、通风和个体防护。但解决的根本出路在于实现生产过程的自动化。

想一想，论一论

案例2-4中，焊工应如何预防事故的发生？

2. 低温危害

（1）低温对人体的影响。低温作业人员的作业能力随温度的下降而明显下降。例如，手皮肤温度降到15.5℃时，操作功能开始受影响，降到10~12℃时触觉明显减弱，降到8℃时，即使是粗糙作业（涉及触觉敏感性的），也会感到困难，降到4~5℃时几乎完全失去触觉和知觉。即使未导致体温过低，冷暴露对脑功能也有一定的影响，使注意力不集中、反应时间延长、作业失误率增多，甚至产生幻觉，对心血管系统、呼吸系统也有一定的影响。

低温环境会引起冻伤、体温降低，甚至造成死亡。

（2）低温作业、冷水作业的防护措施。

1）实现自动化、机械化作业，避免或减少低温作业和冷水作业。控制低温作业、冷水作业时间。

2）穿戴防寒服（手套、鞋）等个人防护用品。

3）设置采暖操作室、休息室、待工室等。

4）冷库等低温封闭场所，应设置通信、报警装置，防止误将人员关锁。

三、职业中毒及其预防

由于接触生产性毒物引起的中毒，称为职业中毒。

（一）职业中毒的特点

第一，苯中毒问题比较突出。苯中毒在急性、慢性中毒中均居前列。例如，建筑工地因防水作业导致的急性苯中毒事故，箱包加工、制鞋和从事印刷等作业工人的慢性苯中毒，造成再生障碍性贫血以致死亡的已非个别事件。

第二，新的职业中毒不断出现。随着各种新材料、新工艺的引进，新的职业中毒形式不断出现。例如，部分沿海地区出现了正己烷中毒、三氯甲烷中毒、二氯乙烷中毒等过去未曾出现或很少发生的严重职业中毒和死亡病例。

第三，中小企业和个体作坊的职业中毒呈上升趋势。例如，小矿山尤其是小煤矿设备简陋，无机械性通风，加上违章操作，导致甲烷、一氧化碳、二氧化碳等混合性气体增高，引起中毒窒息，造成严重伤亡。

由于毒物本身的毒性和毒作用特点、接触剂量等各不相同，职业中毒的临床表现各异，可累及全身各个系统，出现多个脏器损害，同一毒物可累及不同的靶器官，不同毒物可损害同一靶器官而出现相同的或类似的症状。

1. 神经系统表现

慢性轻度中毒早期多有类神经症，甚至精神障碍，脱离接触后可逐渐恢复。有些毒物可损害运动神经的神经肌肉接点，产生感觉和运动神经损害的周围神经病变。有的毒物可损伤锥体外系，出现肌张力增高、震颤麻痹等症状。铅、汞、窒息性气体、有机磷农药等严重中毒可引起中毒性脑病和脑水肿。

2. 呼吸系统表现

可引起气管炎、支气管炎、化学性肺炎、化学性肺水肿、呼吸窘迫综合征、吸入性肺炎、过敏性哮喘、呼吸道肿瘤等。

3. 血液系统表现

可引起造血功能抑制、血细胞损害、血红蛋白变性、出凝血机制障碍、急性溶血、白血病、碳氧血红蛋白血症等。

4. 消化系统表现

可引起口腔炎、急性胃肠炎、慢性中毒性肝病、腹绞痛等。

5. 泌尿系统表现

可引起急性中毒性肾病、慢性中毒性肾病、泌尿系统肿瘤及其他中毒性泌尿系统疾病、化学性膀胱炎等。

6. 循环系统表现

可引起急慢性心肌损害、心律失常、房室传导阻滞、肺源性心脏病、心肌病和血压异常等。

7. 生殖系统表现

毒物对生殖系统的毒性作用包括对接触者本人和对其子女发育过程的不良影响，即生殖毒性和发育毒性。

8. 皮肤表现

可引起光敏感性皮炎、接触性皮炎、职业性痤疮、皮肤黑变病等。

（二）职业中毒的毒物种类

引起职业中毒的毒物种类有很多，按用途分为：①原料毒物，如制造染料所用的苯胺；②中间产品毒物，如生产农药所用光气；③最终产品毒物，如焦化厂出产的苯，化肥厂出产的氨等；④辅助原料毒物，如制药行业用作萃取剂的苯、乙醚，生产聚乙烯用作触媒的氯化汞等。按生物作用性质分为：①刺激性气体，是生产中常见的有害气体。由于刺激性气体多具有腐蚀性，在生产过程中常因设备、管道被腐蚀而发生泄漏现象。外逸的气体通过呼吸道进入人体而引起中毒。这种事故一旦发生，往往情况紧急，波及面广，危害严重，容易引起多人同时急性中毒；②窒息性气体，包括单纯性窒息气体，如氮、氢、乙炔、甲烷、乙烷、丙烷、丁烷、氦、氖、氩、二氧化碳等；③化学性窒息气体，如一氧化碳、氰化物、硫化氢等；④麻醉性气体，如苯、汽油、丙酮、氯仿等；⑤溶血性气体，如砷化氢、苯肼、苯胺、硝基苯等。

（三）防毒措施

1. 预防性卫生监督

建设项目（包括新建、扩建、改建建设项目和技术改造、技术引进项目）可能产生职业病危害的，建设单位在可行性论证阶段必须进行职业病危害预评价，对拟建设项目可能产生的职业病危害因素、危害程度、健康影响、防护措施等进行预测性卫生学评价，以了解建设项目在职业病防治方面是否可行。

建设项目的职业病防护设施与主体工程同时设计、同时施工、同时运行（包括试运行）或投产使用，简称"三同时"。加强"三同时"管理，确保新建项目不产生新的职业病危害，从而堵住职业中毒的危害源头。这是职业中毒防治工作最有效、最经济的措施，不仅能从源头上控制职业中毒的发生，而且能产生显著的经济效果。

2. 根除毒物

对现行生产中采用的技术、工艺、材料进行改进，尽可能用无毒无害的物质取代有毒有害的，用低毒少害物质取代高毒多害的。

3. 降低毒物浓度

严格控制毒物逸散到工作环境空气中，生产设备要防止跑、冒、滴、漏毒物，减少对工作场所的污染，避免劳动者直接接触，对逸出的毒物防止其扩散，需经净化后排出厂外。降低工作场所的空气中毒物浓度，可以通过技术革新和通风排毒等措施实现。

4. 做好个人防护

个体防护在预防职业中毒中虽然不是根本性的措施，但在特殊的工作环境中，如在较小的环境中（船舱、锅炉内）进行电焊操作，化学反应釜的维修、清洗等，个体防护是非常重要的辅助措施。个体防护用品包括防护帽、防护眼镜、防护面罩、防护服装、呼吸防护器、皮肤防护用品（油膏）等。

5. 工艺、建筑合理布局

企业生产工艺要合理布局，除尽量满足生产需要以外，还必须符合职业卫生要求。车间内有毒物逸散的作业，区域之间应区分隔离，以免产生叠加影响，在符合工艺设计的前提下，从毒性、浓度和接触人群等几个方面考虑，应呈梯度分布。有害物质发生源，应布置在下风侧。对容易积存或被吸附的毒物，或能发生有毒粉尘飞扬的厂房，建筑物结构表面应符合卫生要求，防止沾积尘毒及二次飞扬污染空气。

6. 做好职业卫生服务

职业卫生服务在职业中毒预防中占有重要的地位。对存在有生产性毒物的工作场所，应定期或不定期对空气中的毒物浓度进行检测、评价。对接触有毒物质的作业工人，要按国家法律要求，实施上岗前、离岗时和在岗期间的职业性体检。及时发现职业病和早期的健康损害，以便及时处理。

安全标语 ▶ 安全就是社会的安定，安全就是生命的保证。

想一想，论一论

在案例 2-5 中，该厂应采取哪些方式降低工作环境中的毒物浓度？

四、粉尘的危害及尘肺的预防

安全微课：
职业病尘肺的防治

（一）生产性粉尘

在生产中，与生产过程有关而形成的粉尘叫作生产性粉尘。生产性粉尘对人体有多方面的不良影响，尤其是含有游离二氧化硅的粉尘，能引起严重的职业病——硅肺（又称矽肺）；生产性粉尘还能影响某些产品的质量，加速机器的磨损；微细粉末状原料、成品等形成粉尘到处飞扬，影响环境及造成经济上的损失。

1. 生产性粉尘的来源

生产性粉尘来源于以下几个方面：①固体物质的机械加工、粉碎，金属的研磨、切削，矿石或岩石的钻孔、爆破、破碎、磨粉，以及粮谷加工等的生产过程；②物质加热时产生的蒸气，如熔炼黄铜时，锌蒸气在空气中冷凝、氧化形成氧化锌烟尘；③有机物质的不完全燃烧，如木材、油、煤炭等燃烧时产生的烟。此外，铸件的翻砂、清砂或在生产中使用的粉末状物质在混合、过筛、包装、搬运等操作过程，以及沉积的粉尘由于振动或气流的影响重新浮游于空气中（二次扬尘）等，也是生产性粉尘的来源。

2. 生产性粉尘的分类

生产性粉尘根据其性质可分为三类。

（1）无机性粉尘：①矿物性粉尘，如硅石、石棉、滑石等；②金属性粉尘，如铁、锡、铝、铅、锰等；③人工无机性粉尘，如水泥、金刚砂、玻璃纤维等。

（2）有机性粉尘：①植物性粉尘，如棉、麻、面粉、木材、烟草、茶等；②动物性粉尘，如兽毛、角质、骨质、毛发等；③人工有机粉尘，如有机燃料、炸药、人造纤维等。

（3）混合性粉尘，是指上述各种粉尘混合存在。在生产环境中，常见的是混合性粉尘。

（二）尘肺

尘肺是由于吸入生产性粉尘引起的以肺的纤维化为主的职业病。粉尘引起的尘肺是当前最主要的职业病。

按病因可将尘肺分为六类：①硅肺，吸入含有游离二氧化硅粉尘的尘肺；②硅酸盐肺，吸入硅酸盐粉尘引起的尘肺，如石棉肺、滑石尘肺、水泥尘肺；③炭尘肺，吸入含炭粉尘引起的尘肺，如煤肺、石墨尘肺、活性炭尘肺、炭黑尘肺；④金属尘肺，吸入含金属粉尘引起的尘肺，如铝尘肺；⑤混合性尘肺，吸入两种或两种以上粉尘引起的尘肺，如煤矽肺、铁硅肺；⑥有机

尘肺，是指吸入有机粉尘引起的肺纤维化等职业性呼吸系统疾病。

由于有机粉尘成分复杂，引起的肺病变也很复杂，目前我国尚未将有机尘肺列入尘肺名单。但有机粉尘引起的职业性哮喘、职业性变态反应性肺泡炎、棉尘病已列入职业病名单。

常见的尘肺有十几种，如硅肺、石墨尘肺、炭黑尘肺、石棉肺、滑石尘肺、水泥尘肺、云母尘肺、铝尘肺等。易产生尘肺的工种有煤工、陶工、电焊工、铸工等。

（三）粉尘危害的控制措施

工厂与矿山粉尘危害的控制措施如下。

1. 工厂防尘措施

（1）生产工艺和生产设备的技术革新是消除粉尘危害的根本途径。

（2）湿式作业。

（3）密闭、通风、除尘系统。

密闭设备的功能是将发生粉尘的生产设备密闭起来，防止粉尘外溢，并为吸尘、通风打下基础。通风管是连接密闭设备和除尘设备的通道，是输送含尘空气的设施。合理布置和设计通风管，是通风、除尘系统的关键。除尘器按工作方式可分为干式、湿式两大类；按工作原理，可分为沉降式、离心式、过滤式、冲激式等几类。

（4）对接触粉尘作业的工人进行健康检查，对生产环境定期测尘。

2. 矿山防尘措施

矿山防尘不同于工厂防尘，露天矿与井下开采作业也不相同。井下防尘简介如下。

（1）井下防尘。井下的防尘措施是以湿式作业，加强通风为主要内容的综合性防尘措施，放炮后喷雾降尘，放炮后立即向掌子面（开挖坑道不断向前推进的工作面）喷雾10分钟。

（2）加强通风。

（3）井下接尘工人必须佩戴防尘口罩。

五、噪声与振动对健康的损害及预防

使人心理上认为是不需要的声音，使人厌烦的声音，起干扰作用的声音，统称为噪声。在生产中，由于机器转动、气体排放、工件撞击与摩擦产生的噪声，称为生产性噪声或工业噪声。

（一）噪声的分类

（1）空气动力噪声。由于气体压力变化引起气体扰动，气体与其他物体相互作用所致的噪声。例如，各种风机、空气压缩机、风动工具、喷气发动机、汽轮机等，由于压力脉冲和气体排放发出的噪声。

（2）机械性噪声。在机械撞击、摩擦或质量不平衡旋转等机械力作用下引起固体部件振动产生的噪声。例如，各种车床、电锯、电刨、球磨机、砂轮机、织布机等发出的噪声。

（3）电磁性噪声。由于磁场脉冲，导致伸缩引起电气部件振动所致的噪声。例如，电磁式振动台和振荡器、大型电动机、发电机和变压器等产生的噪声。

生产场所的噪声源很多，即使一台机器，也能同时产生上述三种类型的噪声。大多数生产性噪声的频率多属于宽频带、中高频噪声，声压一般比较高，有的可高达130分贝。

（二）噪声对人体的影响

噪声对人体的影响分为特异的（对听觉系统）和非特异的（其他系统）两种。噪声危害主要包括对听力的损伤和诱发多种疾病。

1. 对听力的损伤

噪声对人体最直接的危害是听力损伤。人们在进入强噪声环境时，暴露一段时间会感到双耳难受，甚至会出现头痛等感觉。离开噪声环境到安静的场所休息一段时间，听力就会逐渐恢复正常。这种现象叫作暂时性听阈偏移，又称听觉疲劳。但是，如果人们长期在强噪声环境下工作，听觉疲劳不能得到及时恢复，且内耳器官会发生器质性病变，即形成永久性听阈偏移，又称噪声性耳聋。若人突然暴露于极其强烈的噪声环境中，听觉器官会发生急剧外伤，引起鼓膜破裂出血，迷路出血，螺旋器从基底膜急性剥离，可能使人耳完全失去听力，即出现爆震性耳聋。

如果长年无防护地在较强的噪声环境中工作，在离开噪声环境后听觉敏感性的恢复就会延长，经数小时或十几小时，听力可以恢复。这种可以恢复听力的损失称为听觉疲劳。随着听觉疲劳的加重会造成听觉机能恢复不全。因此，预防噪声性耳聋首先要防止听觉疲劳的发生。一般情况下，85分贝以下的噪声不至于危害听觉，而85分贝以上的噪声则可能发生危险。统计表明，长期工作在90分贝以上的噪声环境中，耳聋发病率明显增加。

2. 诱发多种疾病

因为噪声通过听觉器官作用于大脑中枢神经系统，以致影响全身各个器官，故噪声除对人的听力造成损伤外，还会给人体其他系统带来危害。由于噪声的作用，会产生头痛、脑涨、耳鸣、失眠、全身疲乏无力，以及记忆力减退等神经衰弱症状。长期在高噪声环境下工作的人与低噪声环境下的情况相比，高血压、动脉硬化和冠心病的发病率要高2~3倍。可见噪声会导致心血管系统疾病。噪声也可导致消化系统功能紊乱，引起消化不良、食欲不振、恶心呕吐，使肠胃病和溃疡病发病率升高。此外，噪声对视觉器官、内分泌机能及胎儿的正常发育等方面会产生一定的影响。在高噪声环境中工作和生活的人们，一般健康水平逐年下降，对疾病的抵抗力减弱，容易诱发一些疾病，但也和个人的体质因素有关，不可一概而论。

噪声对人的睡眠影响极大，人即使在睡眠中，听觉也要承受噪声的刺激。长期干扰睡眠会造成失眠、疲劳无力、记忆力衰退，以至于产生神经衰弱症候群等。在高噪声环境里，这种病的发病率可达60%以上。

（三）噪声的控制

1. 工程控制

在设备采购上，要考虑设备的低噪声、低振动。对噪声问题寻找从设计上的解决方案，包括使用更"安静"的工艺过程（如用压力机替代汽锤等），设计具有弹性的减振器托架和联轴器，在管道设计中，尽量减少其方向及速度上的突然变化。在操作旋转式和往复式设备时，要尽可能地慢。

2. 方向和位置控制

把噪声源移出作业区或者调整机器的方向。

3. 封闭

将产生噪声的机器或其他噪声源用吸音材料包围起来。不过，除了在全封闭的情况下，这种做法的作用有限。

4. 使用消声器

当空气、气体或者蒸气从管道中排出时或者在其中流动时，用消声器可以降低噪声。

5. 外包消声材料

作为替代密封的办法，用在运送蒸气及高温液体的管子外面。

6. 减振

采用增设专门的减振垫、坚硬肋状物或者双层结构来实现。

7. 屏蔽

在减少噪声的直接传递方面，是有效的。

8. 吸声处理

从声学上进行设计，用墙壁和天花板吸收噪声。

9. 隔离作业人员

在高噪声作业环境下，无关人员不要进入。短时间进入这种环境从而暴露在高声压的噪声下，也会超过每日允许的剂量。

10. 个体防护

提供耳塞或者耳罩。这应该被看成最后一道防线。需要佩戴个体防护用具的区域要明确标明，用具的使用方法及使用原因要明确，并进行适当的培训。

六、辐射的危害及防护

随着科学技术的进步，工业中越来越多地应用各种电能和原子能。由电磁波和放射性物质产生的辐射，根据其对原子或分子是否形成电离效应而分成两大类，即电离辐射和非电离辐射。

辐射对人体的危害和加强辐射防护成为现代工业的新课题。随着各类辐射源日益增多，危害相应增大。因此，必须正确了解各类辐射源的特性，加强防护，以免作业人员受到辐射的伤害。

（一）辐射线的种类与特性

不能引起原子或分子电离的辐射称为非电离辐射。例如，紫外线、红外线、射频电磁波、微波等，都是非电离辐射。电离辐射是指能引起原子或分子电离的辐射。

1. 紫外线

紫外线是在电磁波谱中介于 X 射线和可见光之间的频带，波长范围为 $7.6 \times 10^{-9} \sim 4.0 \times 10^{-7}$m。自然界中的紫外线主要来自太阳辐射、火焰和炽热的物体。在物体温度达到 1200℃ 以上时，辐射光谱中即可出现紫外线，物体温度越高，紫外线波长越短，强度越大。

2. 射频电磁波

任何交流电路都能向周围空间放射电磁能，形成有一定强度的电磁场。交变电磁场以一定的速度在空间传播的过程，称为电磁辐射。当交变电磁场的变化频率在 100kHz 以上时，称为射频电磁场。射频电磁辐射包括 $1.0 \times 10^2 \sim 3.0 \times 10^7$kHz 的宽广的频带。射频电磁波按其频率大小分为中频、高频、甚高频、特高频、超高频、极高频 6 个频段。

3. 电离辐射粒子和射线

电离辐射是一切能引起物质电离的辐射总称，其种类很多，高速带电粒子有 α 粒子、β 粒子、质子，不带电粒子有中子，以及 X 射线、γ 射线。

α 射线是一种带电粒子流，由于带电，它所到之处很容易引起电离。α 射线有很强的电离本领，这种性质既可利用，也带来一定的破坏性，对人体内组织破坏能力较大。由于其质量较大，穿透能力差，在空气中的射程只有几厘米，只要一张纸或健康的皮肤就能挡住。

β 射线是一种高速带电粒子，其电离本领比 α 射线小得多，但穿透本领比 α 射线大，但与 X 射线、γ 射线比，β 射线的射程短，很容易被铝箔、有机玻璃等材料吸收。

X 射线和 γ 射线的性质大致相同，是不带电、波长短的电磁波，因此把它们统称为光子。两者的穿透力极强，要特别注意意外照射防护。

电离辐射存在于自然界，但目前人工辐射已遍及各个领域，专门从事生产、使用及研究电离辐射工作的，称为放射工作人员。与放射有关的职业有：核工业系统的核原料勘探、开采、冶炼与精加工，核燃料及反应堆的生产、使用及研究；农业的照射培育新品种；医疗的 X 射线透视、照相诊断，放射性核素对人体脏器测定，对肿瘤的照射治疗等；工业的各种加速器、射线发生器及电子显微镜、电子速焊机、彩电显像管、高压电子管等。

（二）非电离辐射的危害与防护

1. 紫外线的危害与防护

紫外线可直接造成眼睛和皮肤的伤害。眼睛暴露于短波紫外线时，能引起结膜炎和角膜溃

痒，即电光性眼炎。强紫外线短时间照射眼睛可致病，潜伏期一般在 $0.5 \sim 24h$，多数在受照后 $4 \sim 24h$ 发病。首先出现两眼怕光、流泪、刺痛、有异物感，并带有头痛、视力模糊、眼睑充血、水肿。长期暴露于小剂量的紫外线，可发生慢性结膜炎。

不同波长的紫外线，可被皮肤的不同组织层吸收。波长 $2.20 \times 10^{-7}m$ 以下的短波紫外线几乎可全部被角化层吸收。波长 $2.20 \times 10^{-7} \sim 3.30 \times 10^{-7}m$ 的中短波紫外线可被真皮和深层组织吸收。红斑潜伏期为数小时至数天。

空气受大剂量紫外线照射后，能产生臭氧，对人体的呼吸道和中枢神经都有一定的刺激，对人体造成间接伤害。

在紫外线发生装置或有强紫外线照射的场所，必须佩戴能吸收或反射紫外线的防护面罩及眼镜。此外，在紫外线发生源附近可设立屏障，或在室内和屏障上涂以黑色，可以吸收部分紫外线，减少反射作用。

2. 射频辐射的危害与防护

射频电磁场的能量被机体吸收后，一部分转化为热能，即射频的致热效应；另一部分则转化为化学能，即射频的非致热效应。射频致热效应主要是机体组织内的电解质分子，在射频电场作用下，使无极性分子极化为有极性分子。有极性分子由于取向作用，则从原来无规则排列变成沿电场方向排列。由于射频电场的迅速变化，有极性分子随之变动方向，产生振荡而发热。在射频电磁场作用下，体温明显升高。对于射频的非致热效应，即使射频电磁场强度较低，接触人员也会出现神经衰弱、自主神经紊乱症状，表现为头痛、头晕、神经兴奋性增强、失眠、嗜睡、心悸、记忆力衰退等。

在射频辐射中，微波波长很短，能量很大，对人体的危害明显。微波除有明显致热作用外，对机体还有较大的穿透性。尤其是微波中波长较长的波，能在不使皮肤热化或只有微弱热化的情况下，导致组织深部发热。深部发热对肌肉组织危害较轻，因为血液作为冷媒可以把产生的一部分热量带走。但是内脏器官在过热时，由于没有足够的血液冷却，有更大的危险性。

微波引起中枢神经机能障碍的主要表现是头痛、乏力、失眠、嗜睡、记忆力衰退、视觉及嗅觉机能低下。微波对心血管系统的影响，主要表现为血管痉挛、张力障碍症候群，初期血压下降，随着病情的发展血压升高。长时间受到高强度的微波辐射，会造成眼睛晶体及视网膜的伤害。低强度微波也能产生视网膜病变。

对于射频辐射的最高允许照射强度的标准，目前我国尚未颁布。参照国外有关标准，对中波、短波波段，场强的最高允许标准可定为：电场强度不超过 $20V \cdot m^{-1}$，磁场强度不超过 $5A \cdot m^{-1}$。对于超短波段，电场强度不超过 $5V \cdot m^{-1}$。对于微波波段的允许照射标准，可参考卫生部、原机械工业部的部颁标准确定。

防护射频辐射的基本措施是，减少辐射源本身的直接辐射，屏蔽辐射源，屏蔽工作场所，远距离操作以及采取个人防护等。在实际防护中，应根据辐射源及其功率、辐射波段以及工作特性，采用上述单一或综合的防护措施。

3. 电离辐射的危害与防护

（1）电离辐射的危害。电离辐射对人体的危害是由于超过允许剂量的放射线作用于机体的结果。放射性危害分为体外危害和体内危害。体外危害是放射线由体外穿入人体而造成的危害，X射线、γ射线、β粒子和中子都能造成体外危害。体内危害是由于吞食、吸入、接触放射性物质，或通过受伤的皮肤直接侵入体内造成的。人体长期或反复受到允许放射剂量的照射能使人体细胞改变机能，出现白细胞过多、眼球晶体浑浊、皮肤干燥、毛发脱落或内分泌失调；较高剂量能造成贫血、出血、白细胞减少、胃肠道溃疡、皮肤溃疡或坏死。

在极高剂量放射线作用下，造成的放射性伤害有以下三种类型。

1）中枢神经和大脑伤害，主要表现为虚弱、倦怠、嗜睡、昏迷、震颤、痉挛，可在两周内死亡。

2）胃肠伤害，主要表现为恶心、呕吐、腹泻、虚弱或虚脱，症状消失后可出现急性昏迷，通常在两周内死亡。

3）造血系统伤害，主要表现为恶心、呕吐、腹泻，但很快好转，2～3周无病症之后，出现脱发、经常性流鼻血，再度腹泻，造成极度憔悴，2～6周后死亡。

（2）电离辐射的防护。

1）缩短接触时间。从事或接触放射线的工作，人体受到外照射的累计剂量与暴露时间成正比，即受到射线照射的时间越长，接受的累计剂量越大。为了减少工作人员受照射的剂量，应缩短工作时间，禁止在有射线辐射的场所做不必要的停留。在剂量较大的情况下工作，尤其是在防护较差的条件下工作，为减少受照射时间，可采取分批轮流操作的方法，以免长时间受照射而超过允许剂量。

2）加大操作距离或实行遥控操作。放射性物质的辐射强度与距离的平方成反比。因此，采取加大距离、实行遥控操作的办法，可以达到防护的目的。

3）屏蔽防护。在从事放射性作业、存在放射源及贮存放射性物质的场所，采取屏蔽的方法是减少或消除放射性危害的重要措施。屏蔽的材质和形式通常根据放射线的性质和强度确定。屏蔽γ射线常用铅、铁、水泥、砖、石等。屏蔽β射线常用有机玻璃、铝板等。水、石蜡或其他含大量氢分子的物质，对遮蔽中子放射线有效，若屏蔽量少时，也可使用隔板。遮蔽中子可产生二次γ射线，在计算屏蔽厚度时，应考虑。

4）个人防护服和用具。在任何有放射性污染或危险的场所，都必须穿工作服、戴胶皮手套、穿鞋套、戴面罩和目镜。在有吸入放射性粒子危险的场所，要携带氧气呼吸器。在发生意外事故导致大量放射污染或被多种途径污染时，可穿供给空气的衣套。

5）操作安全事项。合理的操作程序和良好的卫生习惯，可以减少放射性物质的伤害。

6）信号和报警设施。对于辐射区或空气中具有放射性的地区，以及在搬运、贮存或使用超过规定量的放射物质时，都应严格按规定设置明显警告标志或标签。在所有高辐射区都要有控制设施，使进入者可能接受的剂量减少至每小时100mR（毫伦琴）以下，并设置明显的警戒信号装置。在发生紧急事故时，需要所有人员立即安全撤离。应设置自动报警系统，使所有受到紧急事故影响的人都能听到撤离警报。

七、疲劳对安全的影响及预防

疲劳是指在作业过程中连续不断消耗能量产生一系列生理和心理变化而引起作业能力下降的现象，通常划分为肌体疲劳和精神疲劳。在劳动过程中，当作业能力明显下降时，表明身体已处于疲劳状态。

（一）引起作业疲劳的因素

1. 劳动条件导致疲劳

（1）劳动组织和劳动制度不合理导致疲劳。劳动时间过长、劳动负荷过大、工作速度过快、工作体位不良、夜班连续作业等情况，由于消耗作业者体内大量能量而容易导致疲劳。长时间静态作业引起疲劳，其原因是劳动时保持相对固定的体位，依据人体局部的肌肉伸长、收缩来进行作业。静态作业虽然能耗水平不高，但由于人体的心血管往往难以维持收缩肌肉中被压血管的稳定血流而使局部肌肉缺氧，细胞代谢产生的乳酸堆积引起疼痛从而导致疲劳，如支持重物、把握工具、压紧加工物件等。长时间连续单调的作业引起厌烦疲劳，如依附于流水线作业的人员，周而复始地做着单一的工作，这种机器人式的作业，容易使人产生厌烦疲劳。这种疲劳并不是体力上的疲劳，而是大脑皮层的一个部位经常兴奋引起的抑制。现代科学已经证明连续单调作业导致疲劳的事实存在，如从事连续单调作业的人员其工作效率往往在接近下班时反而上升了，这就是由于作业人员感到快要从单调的工作中解放出来而引起的兴奋所致。

（2）机器设备、工具设计不合理，不适应人的生理和心理特点，使人操作繁杂、不准确，作业中有不安全感和不舒适感，增加人体生理消耗和心理压力，从而导致疲劳。

（3）不良的工作环境导致疲劳。例如，光线的过强或过弱产生视觉疲劳；强烈的振动、噪声，抑制胃功能，减少腺液分泌；高温、高湿导致人体大量出汗，胃液分泌量减少，影响食物消化等，这些都增加了人体的体力消耗进而导致疲劳。

2. 操作人员的素质导致疲劳

操作人员的素质包括身体素质、对操作的熟练程度以及对工作的适应性。操作人员的身体素质好，心脏承受负荷的能力大，在作业中就不易产生疲劳；操作人员操作熟练，在作业中能充分协调身体的各个部位，巧妙地完成所从事的作业，所做的无用功少，体力消耗少，精神压力小，就不容易产生疲劳。

3. 劳动动机导致疲劳

现代科技已经证明，人的劳动动机强弱与疲劳有着直接的关系，其原因是每个人的总能量是一个相对稳定的常量，每个人每天都在不自觉地根据自己能量需要的层次和动机对能量系统进行合理分配，把能量按需要的层次排列，按动机强弱的比例分别分配到工作、生活、娱乐和学习等各个不同方面。不同的人由于认识态度、需要层次和动机等方面的差异，把总能量分配给各方面的比例和大小是不同的；同一个人在不同时间、地点和情景中，由于动机需要和态度等方面的变更也会对总能量做出不同分配。一个人分配给工作任务的能量值大小，直接影响着工作效率和疲劳程度。

（二）疲劳对作业安全的影响

人在疲劳时，其生理、心理会发生如下变化，在作业中容易发生事故。

1. 生理疲劳对作业的影响

生理疲劳导致感觉机能、运动代谢机能发生明显变化，表现为肌肉酸痛、肌肉活动失调等。对作业安全造成影响是：感觉、视觉、听觉机能降低，在作业时可能产生错觉；反应迟钝，作业动作失调，无效动作增加；在作业时注意力不集中，注意范围变小；思维能力降低，对故障的判断能力和应急反应能力明显下降。

2. 心理疲劳对作业的影响

心理疲劳表现为无精打采、心情烦躁等，对作业安全的影响是：在作业时思维迟缓、懒于思考、忽视作业中的危险因素，这往往是导致伤害事故发生的潜在因素。因此，在从事危险性作业时，操作者要特别注意避免出现心理疲劳，一旦出现，就应该及时停止工作，适当休息，消除疲劳，恢复精力和体力。

（三）防止过度疲劳的措施

1. 完善劳动组织和劳动制度

对岗位劳动强度进行测定，根据岗位劳动强度确定工作量，从而合理安排岗位人员数量；对于连续性生产的作业岗位，应该最大限度地减轻夜间生产的作业量；根据作业性质安排适当的工作时间与休息时间，工作时间内的工作量不宜太大，给予作业人员一定的休息时间。

2. 实行科学的轮班制度

冶金、化工等行业要求连续生产，其工艺流程不可能间断进行，必须实行轮班工作制。轮班工作制的突出问题就是疲劳，因为改变睡眠时间本身就易引起疲劳，其原因主要是：白天睡眠极易受周围环境的干扰，造成不能熟睡和睡眠时间不足；改变睡眠习惯一时难以适应；轮班制度导致时间节律的紊乱会明显地影响人的情绪和精神状态；轮班工作使操作人员与家人共同生活的时间减少，容易产生心理上的抑制感。因此，根据人体的生理规律实行科学的轮班制度，最大限度地减轻疲劳尤为重要。

3. 改善作业时的姿势和体位

操作时用力要合理，如动作要对称、有节奏、自然，尽量借助体重来用力，防止个别器官过度紧张。操作也要合理化，在对作业内容进行解剖分析的基础上，制定出标准作业动作，操作人员按照制定出的标准作业动作进行操作，以减少多余的动作。生产工具和加工物体布局要合理，缩短操作行程，减少体能消耗。

4. 选择正确的休息方式

工间休息方式应该是多种多样的。连续、紧张作业的职工，工间休息应采取自我调节的方式，不宜播放快节奏的音乐；重体力劳动的作业人员应以静止休息为主，可配合适当的肢体活动，有利于消除疲劳；对于作业中注意力集中、感觉器官紧张的操作人员，应采取上下肢活动及背部活动的休息方式来消除疲劳，在不影响作业的情况下，可以播放一些轻松愉快的音乐和歌曲。

5. 改善劳动环境

在高温、高湿、高粉尘和高噪声的场所中作业，比在劳动环境好的场所中作业更易产生疲劳，因此应改善劳动环境和卫生条件，如改善作业场所的照明条件，消除或降低噪声，材料堆放整齐，保持作业场所空气畅通，使劳动舒适愉快。

习 题

一、填空题

1. 在生产过程中、劳动过程中、作业环境中存在的危害劳动者健康的因素，称为_____。

2. 低温作业人员的作业能力随温度的下降而明显_____。

3. 由于接触生产性毒物引起的中毒，称为_____。

4. 辐射分为_____和_____。

二、简答题

1. 低温作业、冷水作业的防护措施有哪些？

2. 职业中毒有哪些防毒措施？

3. 防止过度疲劳的措施有哪些？

拓展习题：
职业健康安全

········· 复习题 ✎

1. 职工在安全生产方面有哪些权利？

2. 职工在安全生产方面的义务是什么？

3. 怎样预防职业健康危害的发生？

安全标语 ▶ 预防职业病，生活更精彩。

第三章 作业现场安全管理

本章学习要点

- 掌握标准化作业的目的、内容及措施。
- 了解人的不安全行为及控制途径。
- 了解物的不安全状态类型及管理。
- 掌握布置作业场所遵循的原则和治理措施。
- 了解作业环境对人体的影响。
- 了解作业现场危险预知的好处。

　　作业现场是由人、物和环境构成的生产场所，实际上也是一个"人工环境"。在这个人工环境中，有生产用的各种设备装置、原材物料、各类工具和其他杂物，有作为设备动力源的蒸汽、电、燃油等，还有操作人员。班组作业现场的安全管理是从这三个因素着手的，即对人的不安全行为管理、对物的不安全状态管理、对作业场所的布置及治理，实施全面推行标准化作业。

第一节　标准化作业

案例
3-1

　　某矿采煤区的陈某与郑某在井下机巷相距约10m处分别负责清理皮带机机尾和改支柱。郑某在破碎机附近改支柱时，将清理出的淤煤攉进运转的链板机上，觉得横在链板机上的破碎机防飞矸皮带防护罩误事，就招呼陈某，一起把运转的破碎机防飞矸皮带防护罩掀掉便于攉煤。两个人将防护罩掀掉之后，陈某即回到距破碎机下口10m处继续清理运转中的皮带机机尾淤煤，郑某继续在破碎机旁改支柱。数分钟后，一块约200mm见方的矸石从刚掀掉的破碎机矸皮带防护罩处突然飞出，击伤在下口工作的陈某头部，致陈某右侧颅骨骨折，造成重伤事故。

案例
3-2

　　某金属矿850段2号井发生着火事故，人们采取充填方法灭火，取得基本胜利。几天之后是例行的月末质量安全检查日。该矿Z副总主持召开安全检查会议。然后，分组检查。Z副总带领工区主任A，救护队长B，工程质量检查验收员C、D和E共6人到井下检查。准备重点检查850段时，Z副总与质量检查验收员D一道去2号井检查；其他4人直接向内部走去。A、B、D、E四人发现6号井内有烟后，A、B、C、E便下到井里，C将"一氧化碳检测仪"递给救护队长B检测。B一看仪器显示，一氧化碳有毒气体浓度很高，就立即喊："赶快上去！"这时，Z副总和D两人也来到6号井。突然，救护队长B倒地，D、E回来抢救B，结果D和E又倒地。Z副总发出"赶快离开，减少死亡"的指令后，亲自跑去开动局部通风机，但由于风管不够长，不起作用。当时中央变电所检修停电，系统通风机也没有运行。他们面色苍白地跑出井外叫人去抢救，同时打电话通知有关人员。尽管尽了很大努力抢救，但是 B、D、E 3 名职工因为中毒太深，最终死亡。

标准化作业是对每道工序、每个环节、每个岗位，直至每项操作都制定科学的标准，全体职工都按各自应遵循的标准进行生产活动，各道工序按规定的标准进行衔接。制定标准化作业的目的，就是要统一和优化作业的程序和标准，求得最佳的操作质量、操作条件、生产效益。采用标准化作业，是一项从根本上保证职工在劳动过程中安全和健康的重要措施。

一、标准化作业的目的和功能

标准化作业的四大目的：储备技术、提高效率、防止再发和教育训练。

标准化的作业主要是把企业内的成员积累的技术、经验，通过文件的方式加以保存，避免因为人员的流动，整个技术、经验跟着流失，也就是将个人的经验、技术转化为企业的财富。采用标准化作业，每一项工作即使换了不同的人来操作，也不会在效率与品质上出现太大的差异。

标准化作业的作用主要有以下几个方面。

（1）标准化作业把复杂的管理和程序化的作业有机地融为一体，使管理有章法、工作有程序、动作有标准。

（2）推广标准化作业，可优化现行作业方法，改变不良作业习惯，使每一位工人都按照安全、省力、统一的作业方法工作。

（3）标准化作业能将安全规章制度具体化。

（4）标准化作业产生的效益不仅在安全方面，还有助于企业管理水平的提高，从而提高企业的经济效益。

 想一想，论一论

由案例 3-1 和案例 3-2 可看出执行标准化作业有什么意义？你受到何种启示？

二、标准化作业的主要内容

按照生产作业人员、检修人员、管理人员的工作性质，标准化作业分为三个系列。每个系列要制定的标准化作业的主要内容有：作业顺序标准，生产操作标准，技术工艺标准，安全作业标准，设备维护标准，机、电设备安全防护标准，工具、器具标准，质量检验标准，文明生产标准，场地管理标准等。

1. 作业顺序标准

根据不同岗位、不同工种每项作业的职责要求，从生产准备、正常作业到作业结束的全过程，确定正确的操作顺序，使作业人员明确先做什么、后做什么。

2. 生产操作标准

根据不同岗位、不同工种生产作业的每个步骤，从具体操作动作上规定作业人员应该怎样做，使作业人员的行为规范化。

3. 技术工艺标准

根据不同生产作业涉及的原料、燃料等具有的不同理化特性，制定相应的技术要求及科学的工艺作业标准。

4. 安全作业标准

安全作业标准涉及操作标准化、设备管理标准化、生产环境标准化、作业人员的行为标准化、物料的管理标准化等。

5. 设备维护标准

随着时间的推移和生产的进行，设备出现磨损、老化的问题，需要不断维护保养，及时更换易损的零部件，在标准中应有明确的规定。

6. 机、电设备安全防护标准

每台设备都要建立安全防护标准，明确规定设备完好状态的标准、安全防护设施的要求等，以消除设备的不安全因素。

7. 工具、器具标准

与机、电设备相对应的工艺生产中使用的一切工具、器具等，均应达到良好的标准状态。

8. 质量检验标准

企业生产的产品、中间产品均应制定几何尺寸、理化特性、外观形状，以及检验方法等标准。

9. 文明生产标准

根据文明生产要求，对作业场所必须具备的照明条件，工业卫生条件，原材料、成品及半成品的运送和码放形式，工具和消防设施管理等一切与文明生产有关的内容，均应制定具体的规定。

10. 场地管理标准

根据企业生产和场地条件情况，对作业场所的通道、作业区域、护栏防护区域、物料堆放高度和宽度等，均应制定标准。

安全标语 ▶ 　　　　晴带雨伞饱带粮，火灾未发宜先防。

想一想，论一论

结合专业，想一想你应遵守哪些标准化操作规程？

三、作业标准的制定

标准化作业是研究、制定操作者在生产活动全过程中的程序和规范，以统一和优化的作业程序与标准，求得最佳操作质量。因此，作业标准的制定是一个不断摸索和完善的过程，它随着生产工艺的改进、技术要求及管理水平的提高而不断完善。整个标准化的工作过程是：制定标准→执行标准→修改完善标准→执行新标准。每一次循环，各种效益都将进一步提高，并更符合客观实际的要求。

推行标准化作业要根据生产实际进行，不能千篇一律。不同生产工序、不同工种作业标准不尽相同，制定标准时应坚持三个基本原则：一是先重点后一般，对生产一线的工种要作为重点来考虑；二是动员全体职工参加，从岗位抓起，依靠有丰富实践经验的老职工为骨干，制定出各个岗位、各个工种的作业标准；三是上下结合，不断完善。系统地编制出操作者的岗位安全规程、操作规程的作业顺序及动作标准，要使每个职工达到工作有顺序、动作有标准、执行（标准）有考核，从而使人的不安全行为、物的不安全状态、环境的有害因素等得到控制。具体来说，制定标准应遵循如下原则。

（1）根据岗位作业的内容，全面系统地考虑技术、设备、环境等作业条件，科学合理地编排作业顺序，即对每一项工作都要具体规定出先干什么、后干什么。

（2）根据作业内容和技术、设备、环境条件，规定操作时的动作及其应达到的标准。这些标准包括：作业准备标准，作业动作标准，工、器具位置和使用标准，作业用语和手势标准，作业衔接和协调标准，作业现场管理、整理、整顿标准，创造安全环境标准。

（3）规章制度、规程是制定标准化作业的基础。编制标准化作业要比制定规章制度的技术性高，它是在规程简化、优化的基础上，具体规定出应该干什么、可以干什么、不准干什么。

（4）要在确保安全生产的前提下，贯彻统一、协调、精练、优化的原则，使操作者记得住、学得会、用得上、愿意做。

四、推行标准化作业的措施

1. 提高职工的认识

标准化作业要求全体职工共同贯彻执行，所以制定作业标准难度较大，推行起来涉及面较广。这就要求做好职工的培训教育工作，向职工宣传、讲解推行标准化作业的意义，让职工充分认识到，标准化作业是从根本上保障劳动者安全与健康的重要措施；职工则要认真学习、领

会标准化作业的实质，并通过培训，掌握、熟悉标准化作业的程序和要求。要使标准化作业的制定过程和执行过程成为一个发动职工群众和操作人员接受安全教育和培训的过程。当每一个职工真正了解了标准化作业的内容，知道如何进行标准化操作时，标准化作业的作用才能真正发挥出来，使"我要安全"真正变为"我会安全"。

2. 提高操作者的操作技能

在提高职工对标准化作业认识的基础上，还要对职工进行安全技术知识的教育和安全操作技能的培训，使职工具备一定的安全作业技术，改变以往作业中不正确或不规范的做法，养成安全作业的习惯，如操作旋转机床进行加工时，决不会再戴着手套操作。在推行标准化作业过程中，由于习惯做法的影响，一些职工对新的标准化作业制度可能会产生抵触，不愿或不肯自觉执行。因此，在说服教育的基础上，还要采取有力的措施来保证作业标准的实施。

3. 严格考核

实现标准化作业，从一定意义上讲就是要改变以往的习惯性作业及不良做法，这就需要"严"字当头，制定严格制度、严格要求、严格管理、严格考核，做到奖惩分明。实行按岗位定职责，按职责定标准，按标准进行考核，按考核结果计分，按分数计奖。做到一级考核一级，实行日考核，月总结，年进档，考核与奖金、工资、晋升密切挂钩。

五、现场标准化作业的管理机制

现场标准化作业管理应与其他基础管理工作一样，要形成一个具体的管理制度，如隐患排查治理及设备缺陷管理制度，设备分属管理及定期巡视检查、试验轮换制度等，要将具体的管理要求、管理程序及责任人进行明确，以达到现场作业管理规范化、程序化、标准化的目的。

1. 监督检查

现场作业标准化管理必须强调标准化作业指导书的贯穿作用，因为标准化作业指导书是事先经过严格组织推敲而制定的，它以安全和质量为主线，是为了保证安全、质量的可控、在控和能控。因此，为落实现场标准化作业管理，监督检查在过程控制中显得相当重要。监督检查分为定时和不定时的检查，现场工作班组负责人、班组安全员、安监人员的跟班督查与科室和分公司领导者随机督查相结合，形成多管齐下，齐抓共管的安全管理机制和管理格局。

2. 评估

可根据领导者检查结果和班组安全员、安监人员各自对现场监督查看并据实填写的作业安全监督卡所列细项及最后的监督意见进行评估。评估要求实事求是，不夸大不缩小，重在发现问题并及时提出整改意见和措施，再对作业指导书进行修正和完善。评估要形成长效机制，定期对现场标准化作业工作及作业指导书执行情况进行统计、分析、评价，不断提高现场标准化作业管理水平，完善标准化管理。

3. 考核

考核的目的既是要纠正问题，也是为了强制推行和执行。一是通过"反三违"督查进行违章考核，二是将标准化作业执行情况与班组、个人的月度绩效分值进行挂钩考核。考核的目的能有效推动现场标准化作业管理，规范作业人员的行为，最终使现场标准化作业管理形成一种自然而然的工作流程和习惯。考核方法必须坚持公开、公平、公正的原则，坚持日常考核与综合考核相结合、定期考核与动态抽查相结合。通过科学的考核，实现有效的管理目标，从而推动现场标准化作业管理工作中发现的问题的整改，推动现场标准化作业管理持续改进。

搞好现场标准化作业管理的工作，对提高作业质量，提高员工的责任感、荣誉感，提高员工自身素质，都具有深刻的现实意义。现场标准化作业管理的最终目的是要保证过程控制，杜绝违章，防范事故，确保检修（施工）质量和工作人员的安全，使企业的管理水平上一个新的台阶。

习　题

一、填空题

1. 标准化作业是指＿＿＿＿＿＿＿＿＿＿＿＿＿＿＿＿＿＿＿＿＿＿＿＿＿＿＿＿＿。

2. 标准化作业的目的有＿＿＿＿＿、＿＿＿＿＿、＿＿＿＿＿、教育训练。此外，标准化作业还可以用作管理的工具。

3. 推行标准化作业的措施是＿＿＿＿＿、＿＿＿＿＿、＿＿＿＿＿。

二、简答题

1. 简述标准化作业的主要内容。

2. 简述现场标准化作业的管理机制。

第二节　对人的不安全行为的管理

案例 3-3　某化工厂计划将一个空渣油铁路罐车改作他用，雇用了几位外来民工清理罐底残油。工作接近结束时，有人突然提出一个"好主意"，用火清理残油，又快又干净。于是，在没有任何安全措施的情况下，民工们决定点火清罐。在罐口几次点不着火，一人便下到罐底点火，罐内突起大火，点火人险些葬身火海。

案例 3-4

在夜班时间，某盐业公司制盐工段由于其中一个活塞式离心机有异响，维修工段班长谢某、维修工王某等人前去检修。离心机操作工李某把离心机关闭后，由于惯性，离心机转鼓尚未完全停下来。此时，谢某把手伸进了离心机壳内，李某制止未果，谢某的中指和无名指被夹在离心机刮刀与筛网之间。王某用工具把离心机外门打开后，谢某的手指才得以抽出。谢某被送往医院治疗，发现手指粉碎性骨折。

安全管理的内容很多，面也很广，但从事故因果分析来看，事故的发生主要有人、环境、设备、工艺、原料五大因素。然而，据统计70%以上的事故是人的不安全行为造成的。因此，分析研究生产过程中人的不安全行为，是减少、控制事故的有效手段。

安全事故中人的原因。是指由于人的不安全行为导致在生产过程中发生的各类事故。

一、事故发生前人的心理状态

人在操作中为什么会出现失误？研究证明，操作人员在发生事故前进行操作时往往存在以下几种心理状态。

（1）认为有经验、认为绝对安全，从而进行作业。

（2）虽然感到有一些危险，但认为不要紧，从而继续进行作业。

（3）实际有危险，但当时没有感到危险的存在，从而进行作业。

（4）意识到有危险，或者没有估计到有危险，从而进行作业。

（5）作业太简单，所以只凭过去的经验进行作业。

（6）主观认为自己的操作方法是正确的，事故是由第三者及其他方面的错误引起的。

二、人的不安全行为

1. 操作失误，忽视安全，忽视警告

操作失误，忽视安全，忽视警告具体表现为：未经允许开动、关停、移动机器；开动、关停机器时未给信号；开关未锁紧，造成意外转动、通电或泄漏等；在机器运转时进行加油、修理、检查、调整、焊接、清扫等工作；忘记关闭设备，任意开动查封或非本工种的设备；操作失误；超限使用设备；酒后作业；作业时有分散注意力的行为；禁火区擅自动用明火或抽烟；非特种作业者从事特种作业等。

2. 用手代替工具进行操作

用手代替工具进行操作具体表现为：用手代替手动工具操作；用手消除切屑；用手拿住工件进行机加工，而不用夹具进行固定等。

3. 冒险进入危险场所

冒险进入危险场所具体表现为：冒险进入防空洞、地坑、受压容器及半封闭场所；接近无

安全措施的漏料处；未经安全监察人员允许进入油罐、气柜或井中；在起吊物下作业、停留；在绞车道、行车道上行走；非岗位人员任意在危险、要害区内逗留等。

4. 攀、坐不安全位置

攀、坐不安全位置具体表现为：攀（坐）平台护栏、汽车挡板、吊车吊钩等不安全位置。

5. 未正确使用个人防护用品

未正确使用个人防护用品具体表现为：该穿的不穿，如电工作业不穿绝缘鞋，电焊作业不穿白色帆布工作服；该戴的不戴，如高处作业不戴安全带、安全帽，在有颗粒飞溅的场合不戴防护镜，使用电动工具不戴绝缘手套等。

6. 存放不当

存放不当具体表现为：对易燃、易爆危险品和有毒物品存储不当等。

三、控制人的不安全行为的途径

1. 以安全文化引导人的安全行为

从人的归属感出发抓安全教育，把干部职工对安全工作的定位回归到对人性的思考，把对自己、家庭的责任感和对企业的使命感转化为安全生产工作的动力。通过各种形式的正面宣传，让干部、职工认识到，安全问题不仅涉及企业，影响社会，更是关系到每个人、每个家庭的安康幸福，是家庭稳定的基础。

2. 培养操作技能

严格按照专业和岗位分工，设计一整套从学习到考试、从考试到跟踪考查、从跟踪考查到复试考核的系统反馈流程，杜绝走形式、走过场、掩耳盗铃式的安全培训。严格考核，保证技能培训效果，做到应知应会，不断提高安全操作技能。

3. 制定规章制度和操作规程规范其安全行为

（1）要结合本班组的具体情况和操作实际。

（2）要针对容易发生事故的重点部位做出具体明确的规定。

（3）要从本企业及同行的事故中吸取教训。

（4）要符合国家有关法律法规和标准。

想一想，论一论

由案例 3-3 和案例 3-4 可以看出人的哪些不安全行为造成了危害？你受到了何种启示？

习 题

一、填空题

1. 事故的发生主要有人、环境、设备、工艺、原料五大因素。然而，据统计70%以上的事故是_____造成的。

2. 安全事故中人的原因是指由于人的_____导致在生产过程中发生的各类事故。

二、简答题

1. 人的不安全行为有哪些？

2. 控制人的不安全行为的途径有哪些？

第三节　对物的不安全状态的管理

案例 3-5　某日铸铁除尘车间发生一起轻伤事故。铸铁除尘车间铸铁工任某在链带下部滑板上清理残铁，作业过程中因天气炎热未按规范佩戴劳动防护用品，并将安全帽摘下作业，当班工友刘某向机尾平台上丢链板时，链板反弹砸中正在清理残铁的任某头部，当时血流不止，车间主任在现场安排刘某带着任某去医院，后经医院诊断为轻伤。

案例 3-6　某机械加工厂，车工郑某和钻工张某两人在一个仅9m²的车间内作业，他们的两台机床间距仅0.6m，当郑某在加工一件长度为1.85m的六角钢棒时，因为该钢棒伸出车床长度较长，在高速旋转下，该钢棒被甩弯，打在了正在旁边作业的张某的头上，郑某发现后立即停车，张某的头部已被连击数次，头骨碎裂，当场死亡。

人机系统中把在生产过程中发挥一定作用的机械、物料、生产对象，以及其他生产要素统称为物。物具有不同形式、性质的能量，有出现能量意外释放，引发事故的可能性。由于物的能量意外释放引起事故的状态，称为物的不安全状态。

一、物的不安全状态的类型

依据《企业职工伤亡事故分类》，物的不安全状态主要有以下几个方面。

（一）防护、保险、信号等装置缺乏或有缺陷

1. 无防护

无防护具体表现为：无防护罩，无安全保险装置，无报警装置，无安全标志，无护栏或护栏损坏，（电气设备）未接地，绝缘不良，风扇无消音系统、噪声大，危房内作业，未安装防止"跑车"的挡车器或挡车栏等。

2. 防护不当

防护不当具体表现为：防护罩未在适当位置，防护装置调整不当，坑道掘进、隧道开凿支撑不当，防爆装置安装不当，作业安全距离不够，放炮作业隐蔽场所有缺陷，电气装置带电部分裸露等。

（二）设备、设施、工具、附件有缺陷

（1）设计不当，结构不符合安全要求，具体表现为：通道门遮挡视线，制动装置有缺陷，安全间距不够，拦车网有缺陷，工件有锋利毛刺、毛边等。

（2）强度不够，具体表现为：机械强度不够，绝缘强度不够，起吊重物的绳索不符合安全要求等。

（3）设备在非正常状态下运行，具体表现为：设备带"病"运转，超负荷运转等。

（4）维修、调整不良，具体表现为：地面不平，保养不当，设备失灵等。

（三）个人防护用品用具缺少、有缺陷或不符合安全要求

（1）无个人防护用品、用具，具体表现为：防护服、手套、护目镜及面罩，呼吸器官护具，听力护具，安全带，安全帽，安全鞋等缺少或有缺陷。

（2）所用的防护用品、用具不符合安全要求等。

（四）生产（施工）场地环境不良

（1）照明光线不良，具体表现为：照度不足，作业场地烟雾弥漫视物不清，光线过强等。

（2）通风不良，具体表现为：无通风设备，通风系统效率低，风流短路；在停电停风时放炮作业；瓦斯排放未达到安全浓度放炮作业；瓦斯超限等。

（3）作业场所狭窄。

（4）作业场地杂乱，具体表现为：工具、制品、材料堆放不安全；在采伐时，未开"安全

道"；迎门树、坐殿树、搭挂树未做处理等。

(5) 交通线路的配置不安全。

(6) 操作工序设计或配置不安全。

(7) 地面滑，地面有油或其他液体，冰雪覆盖，地面有其他易滑物等。

(8) 贮存方法不安全。

(9) 环境温度、湿度不当。

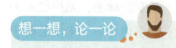想一想，论一论

由案例 3-5 和案例 3-6 可以看出物的哪些不安全状态造成了危害？你受到何种启示？

二、加强对物的不安全状态的管理

物的不安全状态的运动轨迹，一旦与人的不安全行为的运动轨迹交叉，就是发生事故的时间与空间。因此，正确判断物的具体不安全状态，控制其发展，对预防、消除事故有直接的现实意义。

消除生产活动中物的不安全状态，是生产活动所必需的，又是"预防为主"方针落实的需要，同时体现了生产组织者的素质和工作才能。

物件本身的缺陷是发生事故的诸多要素之一，因此认识到物件的缺陷后，每个员工必须针对缺陷的症结采取不同的措施。员工在使用设备时，要加强检查，严格按照操作规程进行作业，发现问题要及时向领导者及有关管理人员反映，不操作有问题的设备器具，要按照设备保养制度的规定对设备器具进行保养和维护，以确保它们处于正常状态。

防护设施和安全装置是确保人员和物件（设备、危险物品）互不接触，从而起到避免人体损伤的安全保护网。因此，员工要正确使用这些安全装置，不能贪方便、图省事而不采用。在工作中要切实做到"四有四必"（有轮必有罩、有台必有栏、有洞必有盖、有轴必有套）。在进行电气作业时，应先检查绝缘和接地、接零情况，再进行作业。

安全通道是能确保职工安全通行的道路。因此，必须严格按照国家标准设置并保持通畅。物件堆放必须按各企业的安全操作规程执行，做到物件堆放标准化。企业要根据本单位的生产工艺流程和作业环境，为员工配备合适的劳动防护用品，制定劳动防护用品使用规定，以免劳动防护用品使用不当，造成事故。在照明、通风、道路、机械噪声等方面，要按国家标准设计、施工。有些工作场所还必须注意自然因素的影响，员工要认识自然因素对人身和生产所产生的威胁，做好自身防范，从而保证自身安全和生产安全。

习 题

一、填空题

1. 生产中由于物的能量可能释放引起事故的状态，称为_____。

2. 物的不安全状态中设备、设施、工具、附件有缺陷包括设计不当，结构不符合安全要求、_____、设备在非正常状态下运行、_____。

二、简答题

1. 物的不安全状态有哪四大类？

2. 如何加强对物的不安全状态的管理？

第四节　作业场所布置

案例
3-7

某玩具厂发生特大火灾事故，死亡84人，伤45人，直接经济损失达260余万元。该厂多处违反消防安全规定。对于消防部门所发的"火险整改通知书"，未认真整改，留下重大火灾隐患，通过不正当手段取得了整改合格证。该厂厂房是一栋三层钢筋混凝土建筑，一楼为裁床车间，内用木板和铁栅栏分隔出一个库房。库房内总电闸的保险丝用两根铜丝代替，穿出库房顶部并搭在铁栅栏上的电线没有用套管绝缘，下面堆放了2m高的布料和海绵等易燃物。二楼是缝制和包装车间及办公室，一间厕所改作厨房，内放有两瓶液化气。三楼是制衣车间。该厂实施封闭式管理。厂房内唯一的楼梯平台上堆放着杂物；楼下4个门，2个被封死，1个用铁栅栏与厂房隔开，只有1个供职工上下班进出，还要通过一条0.8m宽的通道打卡；全部窗户外都安装了铁栏杆加铁丝网。起火原因是库房内电线老化导致短路时产生的高温熔珠引燃堆在下面的易燃物所致。起火初期火势不大，有工人试图拧开消火栓和用灭火器灭火，但因不会操作未果。在一楼东南角敞开式货物提升机的烟囱效应作用下，火势迅速蔓延至二、三楼。一楼工人全部逃出。正在二楼办公的厂长看到火灾后立即逃生。二、三楼约300多名工人，在无人指挥情况下慌乱逃生。由于要下楼梯、拐弯、再经打卡通道才能逃出厂房，而又路窄人多、浓烟烈火，导致很多人员中毒窒息，造成重大伤亡。

案例
3-8

某日，冲压车间进行起重机吊装板材作业，工人甲、乙将板材挂上吊钩后，示意吊车司机开始起吊。随着板材徐徐升起，工人甲发现板材倾斜，与工

人乙商量是否需要停车调整，工人乙说"不必停车，我扶着就行。"作业场所地面物品摆放杂乱，工人乙手扶着板材侧身而行，被脚下物品绊倒，板材随之倾斜、脱钩砸在工人乙身上，造成工人乙死亡。

作业场所占有一定的生产面积，有必需的机器、设备、工具、器具和物料。作业场所布置是指规划、安排与定位机器、设备、物质流程、各种管线，使它们的空间定位达到高效、协调、安全、舒适。科学、合理地布置作业场所，对提高生产效率、保证作业安全起到重要的作用。

一、布置不适当的情形

作业场所布置的不良情况主要表现在物、信息、卫生条件等方面，具体如下。

（1）物料布置不合理。例如，设备布置不合理；材料、物品的布置与堆放不符合要求等。

（2）现场物料规划不合理。例如，生产场地、通道、物流路线、物品临时滞留区与交验区、废品回收点等的布置不合理，如图3-1所示。

（3）安全距离不足。厂房间距、设备布局、间距等不符合安全规范要求。

（4）安全标志不符合要求，主要表现在不按安全生产要求设置各类安全警示标志。

（5）卫生条件不良。例如，由于生产设备存在跑、冒、滴、漏的现象，使生产场所脏、乱、差，如图3-2所示。

想一想，论一论

由案例3-7和案例3-8可以看出作业场所布置不合理可造成哪些危害？你受到何种启示？

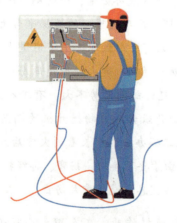
图3-1　电线布置不合理

图3-2　作业现场脏乱

二、布置的原则

任何设备、物料都有其最佳的放置位置，这取决于人体特征及作业性质。对于一定的作业场所，由于机器、设备、工件、工具及物料很多，要使每个物件都处于其本身理想的位置很困难。因此，必须依据一定的原则来安排。

1. 人机工程学原则

从人机系统的整体来考虑，作业场所的布置最重要的是保证操作人员能够方便、准确地操作。

2. 重要性原则

重要性原则即优先考虑对于实现系统作业目标或达到其他性能的最重要的元件，将它们布置在理想的位置，如紧急制动装置，其安装位置必须保证设备在出现异常情况时，操作人员能够迅速而准确地进行操作。

3. 使用频率原则

工具、器具、物料等应按其使用的频率优先排列，经常使用的元件应布置在作业者易见、易及的位置，如冲床的动作开关。

4. 功能原则

功能原则即按设备、控制装置、工具等元件的功能相关关系来进行适当的编组排列及布置，如配电指示与电源开关应处于同一布置区域，温度显示器与温度控制器应编组排列。

5. 使用顺序原则

使用顺序原则即根据元件使用的时间顺序，将元件按使用顺序排列布置，以使作业方便、高效。例如，开启电源、启动机床、查看变速标牌、变换转速等。

在进行作业场所总体布局规划时，应遵循上述定位原则；在进行具体元件布置定位时，还应考虑其他一些因素。由于元件布局涉及的因素较多，因而要统一考虑，全面权衡。一次布局很难一步到位，需要经常进行调整，使机器设备布局逐步趋于合理，以利于操作、监督和管理。

三、合理布置作业场所

1. 总体布置

在进行总体布置时，应考虑以下问题。

安全微课：
作业现场安全管理1

（1）把使用频率高和最重要的设备、操纵控制装置及显示装置布置在最佳作业范围内（最明显和最易触及的地方），以便于操作人员观察和操作。

（2）依据操作的顺序进行布置，保证整个作业不空转、不倒流，有条不紊地进行。

（3）符合人的生理和运动特性，做到人的手臂或脚活动的路线最短、最舒适，并能准确地

进行操作，使人工作起来既高效又不易疲劳。

（4）人流、物流的通行，既畅通又安全。

2. 操纵控制装置与显示装置的布置

作业岗位很少只有单个仪表或单个操纵控制装置，而多是由一定数量的仪表和操纵控制器组成的控制显示装置。因此，在布置时应注意以下问题。

（1）选择最佳认读区域和配置方法布置显示装置，以提高认读的效果，减少巡检时间，提高工作效率。

（2）操纵控制装置布置的位置除应遵循时间顺序、功能顺序、使用顺序、重要性及运动方向原则之外，还应考虑各种控制装置本身的操作特点，将其布置在该种控制的最佳操作区域之内，如颜色编码控制器应布置在最佳视觉区域之内。此外，联系较多的控制装置应尽量相互靠近，排列和位置应符合其操作程序和逻辑关系。

（3）控制装置之间的间距要合理。间隔过小，虽排列紧凑、观察方便，但容易造成误操作。

（4）避免操作对显示的干扰。在操纵控制器时，肢体往往会遮挡显示器，或者显示器受控制器的照明灯光干扰，使操作人员无法监视到某些信息而造成事故。解决显示受干扰的问题，需要安排较柔和的照明，以减少灯影；同时要处理好灯光照明的角度，尽量不让照明灯光直射仪表区，以免仪表区上有操作者身影干扰显示与操作。

（5）各种控制装置在形状、大小或颜色上要彼此有所区别，以避免误操作。

假设你是案例 3-7 中玩具厂的领导，该如何布置车间内的物品？

3. 防止误操作

虽然将控制装置的间隔和位置都布置得较为合理，但有时还会发生误操作。因此，为避免重要的操纵控制装置发生误操作，可采取以下措施。

（1）将按钮或旋钮设置在凹入的底座之中，或加装栏杆等。

（2）使操作人员的手部在越过控制装置时，手的运动方向与控制装置的运动方向不一致，这样即使控制装置被经过的手碰到，也不会产生误操作。

（3）在控制装置上加盖或加锁，也可增加操作阻力，使之在较小外力作用下不会动作。

（4）按固定顺序操作的控制装置，可以设计成连锁的形式，使之必须依次操作才能动作。

4. 作业岗位布局

作业岗位布局应该遵循如下原则。

（1）运用人机工程原理，按照生产工艺要求，将设备、工具、物料放置在适当的位置，使操作者拿取省力，使用方便，避免寻找。

 　严格要求平安在，松松垮垮事故来。

（2）工作台、控制台和座椅尺寸要符合人体测量学的原则，保证操作者能采取良好的劳动姿势。

（3）零件箱的设计应便于核查数量，其排列和摆放位置应尽可能在正常操作范围内，不超过最大操作范围；工具箱内应合理摆放物品，上层放轻的、精密的工具，下层放重的工具。

（4）保证适当的机器间距和足够宽度的作业通道。

（5）指示灯及开关应按规定着色，说明标签的字迹应清晰易读。

（6）不用的、多余的物料应及时撤出工作场地，以免占据有用空间。

5. 保证适当的作业空间

在进行作业空间定位时，应注意以下几个方面。

（1）充分考虑作业者的行动空间。在作业空间中，作业者的各种动作是为了达到作业目的或作业者自身活动的目的。从观察实际的作业情况可知，在达到作业目的的动作中，往往要加进一些作业者自主目的的行动，如离开工作位置及移动等。因此，行动空间需要比作业空间更宽敞些，使每个生产岗位有足够的活动空间。

（2）对于多人集体作业应考虑协同作业空间。在实际作业中，常常不是一个人单独作业，而是由多人组成的集体作业。他们在按照自身任务独自进行作业的同时，还彼此交流信息，相互协作。这种集体作业的空间，并非单个人和物形成空间的简单叠加，必须考虑人与人之间相互交流信息和协同作业的需要，保证作业者之间联系方便。

（3）考虑预留空间。生产过程是一个动态的过程，预留空间在生产中也是动态的。例如，原材料、半成品、成品的堆放空间，车间内运输设备的移动空间等。因此，在布置设计时就应充分考虑。

在作业空间定位确定后，就可进行其他布置的设计，主要有以下几个方面。

1）材料、物品的搬运路线布局，包括人行走线，搬运车行走路线的布局。

2）各种管线的布设，包括动力线、照明线、水管、蒸汽管、气体或液体原料管等。

3）危险点位防护栏或安全装置的布置设计，包括消防设施的布置。

4）车间各种标志的布设，包括通道标志、危险标志等。

车间布置设计涉及因素较多，要统一考虑、全面权衡。因此，在设计时很难一步到位，经常需要进行反复修改，才能设计出合理的车间布置。

四、作业场所的清理与整顿

安全微课：
作业现场安全管理2

某家电集团管理基础扎实，某些项目处于国内领先地位。现场问题主要体现为三点：一是工艺技术方面较薄弱。现场是传统的流水线大批量生产，工序间存在严重的不平衡，现场堆积了大量半成品，生产效率与其他企业相比存在较大差距；二是细节的忽略。在现场随处可以见到物料、工具、车辆搁置，手套、零件在地面随处可见，员工熟视无睹；三是团队精神和跨部门协作的缺失。部门之间的工作存在互相推诿现象，工作

缺乏主动性，而是被动地等、靠、要。

为了进一步夯实内部管理基础、提升人员素养、塑造卓越企业形象，集团领导审时度势，企业从 5S 这种基础管理抓起。"现场 5S 与管理提升方案书"提出了以下整改思路：一是将 5S 与现场效率改善结合，推行效率浪费消除活动和建立自动供料系统，彻底解决生产现场拥挤混乱和效率低的问题；二是推行全员的 5S 培训，结合现场指导和督查考核，从根本上杜绝随手、随心、随意的不良习惯；三是成立跨部门的专案小组，对现存的跨部门问题登录和专项解决；在解决过程中梳理矛盾关系，确定新的流程，防止问题重复发生。根据这三大思路，集团从人员意识着手，在全集团内大范围开展培训，结合各种宣传活动，营造了良好的 5S 氛围，经过一年多的全员努力，5S 终于在集团每个员工心里生根、发芽，结出了丰硕的果实。

 **想一想，论一论**

从案例中可以看出"5S"管理的优点在哪里？你如何将其运用到自己的日常工作中？

尽管车间及作业空间布置设计已经做到尽可能合理，但是由于生产过程是动态的，不断输入原材料，又不断生产出成品、半成品，同时还形成许多废料、边角料，这将使作业场所随之无序化，从而导致事故的发生。因此，必须经常对作业场所进行维护清理与整顿，以保持场所的整洁、有序。它是实现文明生产，保证作业高效安全的重要条件。可采用以下方法维持作业场所的整洁有序。

（一）作业场所的清理

作业场所的清理是对生产场所的物品按需要和不需要区分开，并清除不需要的物品。区分的原则是，凡生产活动所必需的物品和生产过程中的产品均为需要物品。例如，机器设备、工具、各种原材料、辅助材料，以及成品、半成品。这些以外的物品都是不需要的物品，如生产过程中产生的垃圾和边角料等。对垃圾和边角料等所有不需要的物品都应及时清除。在车间之外确定垃圾存放点，封闭遮盖并及时清运；对边角料应确定适当存放地点并设置容器，不同的边角料应分别存放。

（二）作业场所的整顿

作业场所的整顿是把需要的物品以适当的方式放在合适的位置，以便使用。存放位置应根据作业方法，物品性质、特点和使用频率等情况确定。

（1）使用频率高，即经常使用的工具、物品放在附近。

（2）不常用的物品应整齐地放入箱、柜内，或物品架上。

（3）很少用的物品应放进公用箱、柜内，由专人妥善保管。

（4）本着安全、方便的原则确定材料和成品的放置地点。

（5）化学危险物品（易燃物品、易爆物质、压缩气体、毒品、腐蚀品等）要有专门的场所存放、保管。

（6）对于推车等简易搬运工具应明确规定放置地点。

（7）在任何时候，安全通道上绝不允许存放物品。

按下列原则确定物品的放置方式。

1）物料堆放整齐，重物在下，轻物在上，易损易倒物品要固定；长物要放倒。

2）立体堆放的材料和物品要限制堆放高度，最高不得超过底边长度的三倍。

3）化学危险物品的放置、保管要符合国家《危险化学品安全管理条例》的要求。

4）对安全通道和堆放物品的场所要画出明显的界限或架设围栏；堆放物品的场所应悬挂标牌，写明放置物品的名称和要求。

5）在放置物品时要确认物品安全放置。

（三）建立作业场所清理整顿制度

（1）每隔一定时期进行一次彻底的清理整顿。

（2）每天班前整顿，班后清理。

（3）与工作无关的物品不准带到车间。

（4）使用完毕的物品要放回原地。

（5）定期检查、考核、评价，并与奖惩挂钩。

（四）开展"5S"活动

5S 是指"整理、整顿、清扫、清洁、素养"。其实质就是通过保持作业场所的整洁、有序来保证安全生产。与我国 20 世纪 70 年代后期在企业中提倡的"文明生产"基本相同。

整理（Seiri）：区分多余物品和必需品，并且去掉前者。工作场地变宽裕，工作秩序易保持，废存积压物可消除。

整顿（Seiton）：固定位置放使用物品，使人、机、物相协调。减少寻找时间，漏气、漏水可防止，安全隐患可消除。

清扫（Seiso）：无尘物、异物、脏物，做到干净明亮、通畅整齐。工作环境变优美，操作者精神振奋，动作快，设备性能有保证。

清洁（Seiketsu）：头手足身、衣帽无尘垢，厂房车间无毒物、无公害。清洁卫生又文明，产品质量保优良，用户意见可杜绝。

素养（Shitsuke）：举止有礼，言语和气，不假公济私，有职业道德。遵守规章制度，工作纪律严上严，团结协作出效益。

5S 提倡安全管理工作要从基础抓，正所谓"千里之行，始于足下"，要降低损耗、减少故障、保证质量、加强安全、改善厂风、提高效益等。长期坚持 5S，能使职工养成良好的行为习惯。

五、作业场所隐患辨识和治理

（一）查找事故隐患的途径

查找事故隐患就是把运行系统、设备和设施存在的缺陷和危险因素，以及工作过程中的人员不安全行为（包括习惯性违章）查找出来。

（1）从本行业、本单位已发生过的事故中，吸取经验教训，分析本班组的安全现状，检查判断本班组是否存在发生事故的可能性，找出尚未觉察到的危险和隐患。

（2）对本班组已发生的事故或未遂事件进行分析，检查目前是否仍存在潜在的危险因素，检查事故预防措施是否真正落实。

（3）将每个班组成员的习惯性违章行为逐一列出，与操作规程对照，提出具体整改措施。

（二）辨识危险、查找隐患

辨识危险、查找隐患是企业抓好安全工作的重要手段，是企业领导层、管理层和班组的共同任务。就班组而言，要重点查找"后天"性隐患，其主要内容如下。

（1）运行设备、系统有无异常情况，如振动、温升、磨损、腐蚀、渗漏等。

（2）设备的各种保护，如电气保护、热工保护、机械保护装置等是否正常，动作是否正确、灵敏，是否进行定期校验。

（3）运行设备、检修设备的安全措施、安全标志是否符合有关规定和标准的要求。

（4）危险品的贮存、易燃易爆物品的保管和领用管理是否存在隐患，动火作业是否按有关规定进行。

（5）作业场所的粉尘浓度是否符合工业卫生的控制标准，防尘设施是否正常；有毒有害气体排放点的通风换气装置是否正常。

（6）现场的井、坑、孔、洞、栏杆、围栏、转动装置防护罩是否符合规定；脚手架、平台、扶梯是否符合设计标准。

（7）作业场所照明是否充足，是否按规定使用低压安全灯。

（8）班组成员在作业时是否正确使用个人防护用品，工作中有无习惯性违章行为。

（9）班组成员是否按规定使用安全工器具，是否对其进行定期检查试验。

由于各企业各工种作业的性质不同，查找隐患的重点也不尽相同。为了便于开展自查活动，班组可根据查找隐患的原则，结合班组生产实际，制定本班组的安全检查表，上报车间。车间把相同或相似工种班组安全检查表进行汇总，上报企业，由企业有关部门组织，工会会同安全技术部门、生产部门审核后颁发。班组即可按照安全检查表中所列的检查项目——检查对照，认定隐患和研究消除措施。查找隐患可以按周（旬）、月、季等周期进行，对查找出的事故隐患应如实登记，及时上报车间。

（三）治理事故隐患的原则和措施

1. 治理事故隐患的原则

（1）彻底消除原则。采用无危险的设备和技术进行生产，实现系统的本质安全。这样，即使人出现操作失误或个别部件发生故障，也会因有完善的安全保护装置而避免事故的发生。

（2）降低隐患危害程度原则。当事故隐患由于某种原因一时无法消除时，应使隐患危害程度降低到人可以接受的水平。例如，当作业场所中的粉尘不能完全排除时，可通过加强通风和使用个人防护用品，达到降低吸入量的目的。

（3）屏蔽和时间防护原则。屏蔽是指在隐患危害作用的范围内设置障碍，如吸收放射线的铅屏蔽等。时间防护是指使人处在隐患危害作用环境中的时间尽量缩短到安全限度之内。

（4）距离和不接近原则。对带电体应保持一定的安全距离；对于危险因素作用的地带，一般人员不得擅自进入。

（5）取代、停用原则。对无法消除危险的隐患场所，应采用自动控制装置或机器代替人进行操作，人远离现场，进行遥控，或者停用设备，如距带电体安全距离不足时，应采用停电方式进行检查。

2. 治理事故隐患的措施

（1）技术措施。技术措施主要包括：采用自动化、机械化作业；完善安全装置，如安全闭锁装置，紧急停止装置，按规定设置安全护栏、围板、护罩等；电气设备的接地、断路、绝缘；作业现场必需的通风换气，足够的照明，或必要的遮光；符合规定要求的个人防护用品；危险区域或设备设置警告标志。

（2）管理措施。强化现场监督，建立安全流动岗哨；实现标准化作业，规范操作者的安全行为；开展"三不伤害"活动；坚持安全确认制，如操作前确认，开工前确认，危险作业安全确认；推广安全文化，增强安全意识，加大安全技能训练；实施班组安全目标管理；奖优罚责。

（3）个人措施。操作者在操作前要进行自我安全监察，也就是要求每一个操作者在进入现场前，首先进行自我安全提问、自我安全思考，即考虑在作业过程中，"物"会不会发生危险，如出现坠落、倒塌、爆炸等危险；发生这些危险后，自己会不会受到伤害，如会不会被夹住、被物体打击、被卷入、烧伤、触电、中毒、窒息等。其次进行自我责任思考，考虑万一发生事故，自己应该怎么做，如何将事故的危害程度和损失降到最低。

习　题

一、填空题

1. 作业场所布置是指＿＿＿＿＿＿＿＿＿＿＿，使它们的空间定位达到高效、协调、安全、舒适。

2. 作业场所布置的原则是_____、_____、_____、_____、
_____。

3. 5S 是指_____、_____、_____、_____、_____。

4. 对事故隐患进行治理，应遵循如下原则_____、_____、_____、_____、_____。

5. 治理事故隐患的措施有_____、_____、_____。

二、简答题

1. 如何对作业场所进行清理？

2. 简述作业场所物品的存放原则。

3. 简述查找事故隐患的途径。

4. 简述"后天"性隐患的主要内容有哪些？

5. 如何布置才能保证适当的作业空间？

第五节　作业环境的调节

案例 3-9　10月31日15:30接班后，某公司炼铁厂细粉生产车间处于待煤气停产状态，班长袁某组织召开班前会，宣讲了岗位操作规程及安全操作规程，并针对目前的停机状态强调了处理收粉器积灰的安全措施。接班后全班人员协助维修人员田某制作检修活门，18:30开始由王某带领高某、董某对收粉器箱体内的浮料用压缩空气进行吹扫。吹扫完毕后，由袁某、王某、祝某、高某、董某5人根据箱体内部环境制定了轮流处理的方案。首先，由王某、高某、董某3人将脚手板放入箱体内3个横梁上稳固，然后进行轮流作业，每次1人进行作业，其余4人在入孔处监护。高某和王某第四批进入箱体作业，20:20左右箱体积灰发生滑落，造成扬尘。随后箱体内的作业人员王某从入孔跳出，高某也想跟着出来，但由于粉尘较大，看不清周围环境，慌乱中从脚手板上掉下，仓外人员听到高某的呼喊，祝某、田某、董某3人立即进入箱体内施救。由于现场狭窄、环境恶劣，虽然祝某、田某拉住高某的手臂全力施救，但高某的一只脚仍夹在料仓下料嘴处，未能将高某从仓底救出。随即王某拨打119、120请求救援，同时班长袁某通知安全生产处、作业长、安全员到场组织施救。炼铁厂的保卫处、安全生产处和市消防救援队组织了大量的人员和器材进行抢救，约21:15左右消防救援人员将高某救出，送往医院救治，经抢救无效后死亡。

案例 3-10

8月3日下午，黄某按班长的指派前往停车场检修177t运矿汽车变速器联挡故障。山坡上的大型车停车场是3年前利用小车场改建的，车场西北角上方有一条高6.85m的6kV高压线。为安全起见，车场负责人在高压线下摆放了几块石墩，避免车辆停放在高压线下，发生电气方面的事故。177t载重矿车整个车体高4m多。当班司机沈某为了方便修理，把车开到离修理间最近的车场西北角。黄某观察发动机齿轮箱后，为防止车斗自然回落，准备到车后加固一根钢丝绳再去检修，可车后有滩积水，不便加固。这辆车由于联挡故障只能前行不能后退。于是，沈某按黄某的手势将矿车前移了3m，黄某将钢丝绳的一头挂住矿车后桥，举着钢丝绳的另一头，等待沈某将翻斗升到最高点时挂住门钩。就在矿车斗即将升到顶的时候，"嘭"的一声巨响，坐在驾驶室的沈某发现头上闪过亮光，车体一震，远处的人们循着声响和闪光看到，车后的黄某身体打晃，仰面栽倒在地。原来，这辆矿车升斗触到6kV高压线，瞬间短路"放炮"，黄某当场死亡，整个采矿场断电。从现场看到，矿车前保险杠刚好与停车场石墩持平，两个人的习惯性操作及停车位置均在安全范围之内，事故是怎么造成的呢？进一步勘察发现：在3个月前平整场地时，推土机将停车场西北角的石墩向外推移1.5m，177t载重矿车事故发生时正处于6kV高压线下方。

作业场所的环境条件主要是指温度、湿度、照明度、噪声和振动，以及有毒有害气体和粉尘等。当安全事故发生时，人们常常从"责任心"和"操作方法"两个方面去考虑，认为造成事故的原因不外乎是人的不安全行为和物的不安全状态，而作业环境——这一重要因素往往被忽视了。实际上，作业环境对人有着很大的影响：环境适宜，人就会进入较好的工作状态；反之，就会使人感到某些不适，工作就会受到不良影响，甚至导致意外事故的发生。因此，从保护操作人员的人身安全和生产安全的需要出发，应该经常检查作业环境，并做适当调节。

一、亮度

人在作业环境中进行各种生产劳动，主要是用视觉器官——眼睛，获取物体的位置、大小、形状和运动速度及方向等信息，然后根据当时的条件，做出相应的判断，采取有目的的行动。有资料表明，人们获得的信息，80%以上是靠视觉得来的。因此，从视觉所得的信息对人的作业动作（行动）起着极为重要的作用。要从视觉得到物体的正确信息，适当的亮度就是必要的条件了。

亮度是物体（发光体和反光体）使人的眼睛感觉到的明亮程度。其对安全作业的影响主要有以下几个方面。

（1）因为亮度不足，容易把物体的各种状况看错，大脑就会根据错误的信息，发出错误的指令，人也就做出错误动作而造成事故。

（2）因为亮度不足，人要看清物体，就要消耗更多的时间和精力。在这种环境中工作时间一长，人就容易疲劳，引起心理状态的变化，使判断力和思考能力降低（或迟缓）误操作增多，发生事故的可能性也随之增大。

（3）如果光线过于明亮，会强烈刺激视觉神经，使人头晕目眩，难以看清物体的真实情况。长时间在过亮环境中工作，容易视觉疲劳，因而发生事故的可能性也会增大。

光线不足或过强造成人的动作失误是人们日常工作和生活中常见的事。

因此，作业环境要有一个适宜的照明度。在这个照明度下，人们既能正确掌握环境中各个物体的真实情况，又不使人的眼睛感到疲劳。至于光源，一般以自然光线为宜，在阴天、夜晚及工作台有局部照明要求时可采用人工照明。无论采用自然光或者人工照明，都必须注意不要产生明暗对比度很强的阴影。还要避免光线对眼睛的直射，应使用防直射灯罩。

二、温度与湿度

影响作业环境温度、湿度的因素有两类：一是机械、管道、设备，以及人体的热量，通过传导、对流、辐射等方式进行热交换；二是自然的地理、气候条件。例如，不进行强制性的人工调节，作业环境的温度、湿度就会随生产情况和气候情况而变化，对人体产生危害。人体最佳的环境温度应为20℃左右。如果环境温度接近人的体温，人体的热量就不易散发；如果环境温度高于人的体温，人就会感觉不舒服，甚至中暑。当空气中的湿度过大时，人就会感到胸闷或有窒息感，易分散注意力，并且过高的湿度会减小人体的电阻率，增大触电的可能性。因此，在高温、高湿的条件下作业，人的生理机能降低，动作差错率增高，容易发生事故。研究发现，温度在19~23℃时，事故发生率最低；温度降低或升高，尤其是在高温时，事故明显增加。

因此，作业环境要有比较舒适的温度。舒适的温度因工种和劳动强度的差异而不同，如一般体力劳动的舒适温度在18~21℃。为此，必须对环境温度进行必要的人工调节，使热的产生和散发保持平衡，如通过通风、送冷气等方式进行降温，通过采暖提高温度。

三、噪声

班组在进行生产作业时，各种机械设备运转产生振动，振动发出不同频率的声响，各种声响掺杂在一起，构成了班组作业环境的噪声。噪声对人的危害主要表现在以下3个方面。

1. 对人的心理影响

令人烦躁的噪声界限是60dB。高于60dB的噪声会影响人的大脑，破坏听神经细胞，使人疲劳、烦恼、惊慌、注意力分散，降低工作效率，甚至由此引发事故。

2. 干扰人们正常的语言信息交流

在噪声环境中，人们之间的谈话、传递口令都会受到严重干扰，甚至会影响人的思维，见表3-1；尤其严重的是噪声往往掩盖了音响报警信号，造成人们无法及时获得指令和信号，从而发生动作差错，或在集体作业时动作不一致，继而发生事故。在大型机械组装、拆卸、吊运等集体作业中，因噪声而缺乏行动统一性，最终导致事故的例子屡见不鲜。

表 3-1　噪声强度对正常交流的影响

噪声级/dB	主观感觉	能进行正常交谈的最大距离/m	通话质量
45	安静	10	很好
55	稍吵	3.5	好
65	吵	1.2	较困难
75	很吵	0.3	困难
85	太吵	0.1	不可能

3. 引起听觉器官损伤

如果短时间处于噪声中，会引起听觉疲劳，产生暂时性的听力减退；如果长时间在强噪声（如 90dB 以上）环境中工作，听觉疲劳将无法消除，而且会变得越来越严重，引起听觉器官产生器质性病变。噪声性耳聋就是由于长期遭受噪声刺激所引起的一种缓慢性、进行性的感音神经性耳聋。为保证职工的身心健康，国家制定公布的《工业企业噪声卫生标准》规定：工业企业的生产车间和作业场所的工作点的噪声标准为 85dB，暂时达不到标准的可适当放宽，但仍不得超过 90dB。《工业企业噪声卫生标准》规定，每天工作 8h 的连续噪声不得超过 85dB，如时间减半，则声级可提高 3dB 以下，但不管暴露时间多么短，均不允许人暴露在 115dB 的稳定声压级环境中。

四、气体、蒸气和粉尘

在班组作业现场，由于管理或技术上的问题，各种装置、设备、管道可能泄漏出有毒有害气体、蒸气或粉尘，人在有毒有害气体、蒸气或粉尘的环境中长期工作，就会造成身体的慢性损伤，甚至导致职业病。另外，易燃易爆物质的存在，又成为爆炸和火灾的危险源。

有毒物质侵入人体有 3 个途径：皮肤、食道和呼吸道。从实际情况来看，呼吸是最直接、最危险、反应最快的途径，有毒气体、蒸气和粉尘随同空气一道被吸入人体，造成危害。粉尘对人体的危害有：呼吸道疾病，如气管炎和支气管炎、呼吸道肿瘤及尘肺等；对皮肤黏膜的破坏，如皮肤功能减弱及各种皮炎；变态反应性疾病，如过敏性鼻炎、支气管哮喘、上呼吸道急性炎症等。

可燃气体（蒸气）或粉尘与空气充分混合，在达到一定浓度时，遇明火就会发生爆炸。

为防止人在有毒气体、蒸气和粉尘的环境中长期工作从而受到伤害，我国《工业企业设计卫生标准》规定了各种有毒有害物质的最高容许浓度，即是生产工作环境中有毒有害物质的最高含量。为达到这一国家标准，在防尘防毒、防火防爆方面可采取如下措施。

（1）从管理和技术两个方面严防设备、装置的跑、冒、滴、漏，使有毒有害气体不散发出来。

（2）在无法从根本上消除这些有害物质时，可采取强制性排除方式，将它们从作业地点排

除出去，以降低其浓度。例如，通风除尘、除尘器除尘、隔离操作等。

（3）改进工艺，采用低害、无害材料，从根本上消除和减少毒害。

（4）严防明火进入作业区域，如火种不得带入禁火区、作业时减少摩擦和碰撞、设备运转部件要有良好的润滑、采用不起静电的材料铺筑地面和内墙等。

在采取强制性措施排除有害物质的同时，应注意不能对作业点以外的环境（如其他班组、车间，甚至工厂周围环境）造成新的危害。

想一想，论一论

由案例 3-9 和案例 3-10 可以看出作业环境对人体有哪些影响？从当事人身上可受到哪些启示？

习 题

一、填空题

1. 作业场所的环境条件主要是指 _____、_____、_____、_____、_____ 以及有毒气和 _____ 等。

2. 要求作业环境要有一个适宜的照明度。至于光源，一般以 _____ 为宜，在阴天、夜晚及工作台有局部照明要求时采用 _____。无论采用自然光或者人工照明，都必须注意不要产生 _____。还要避免光线对眼睛的直射，应使用 _____。

3. 影响作业环境温度、湿度的因素有两类：一是 _____；二是 _____。

4. 人体最佳的环境温度应为 _____ 左右。研究发现，温度在 _____ 时，事故发生率最低。为此，必须对环境温度进行必要的人工调节，使热的产生和散发保持平衡，如通过 _____ 等方式进行降温，通过 _____ 提高温度。

5. 噪声对人的危害主要表现在 _____、_____、_____ 3 个方面。

6. 工业企业的生产车间和作业场所的工作点的噪声标准为 _____ dB。《工业企业噪声卫生标准》规定，每天工作 8 小时的连续噪声不得超过 _____ dB。

7. 有毒物质侵入人体有 3 个途径：_____、_____、_____。

8. 可燃气体（蒸气）或粉尘与空气充分混合，达到一定浓度时，遇明火就会发生 _____。

二、简答题

1. 亮度不足对安全作业的影响主要有哪些？

2. 在防尘防毒、防火防爆方面可采取哪些措施？

第六节　作业现场危险预知

案例 3-11　某记者到某化学研究院工业园采访，一个细节给记者留下了深刻印象。记者在参观工业园仓库时，发现仓库的前后铁门旁分别放着一把斧头。记者问斧头放在此处有何用意，陪同参观的负责人说，这是为了防止在仓库发生紧急情况时来不及找钥匙，用斧头砍开铁锁。原来，斧头是为了保证仓库安全。

案例 3-12　近两年，某钢铁公司不断扩大再生产，许多新建、扩建工程，以及大型检修项目等，都由下属冶金建设公司承担。由于检修转炉、高炉等工作的作业范围广，参检人员多，立体交叉作业，环境恶劣，又加上任务重，危险因素多，导致以前的每次检修都没有头绪可言，总是丢三落四，不仅耽误时间，而且时常发生事故。针对这种工作现状，公司在班组当中认真开展了班组危险预知活动，由于员工积极参加，每次检修都认真排查危险因素，制订详细、周全的计划和措施，并逐项落实到人，使得上半年工亡为零，重伤为零，受到主管部门的表彰。20 世纪 70 年代的日本企业、80 年代的中国武钢都曾开展过该项活动，都取得了很好的效果，大大降低了事故率。

危险预知就是预先知道生产或作业过程中的危险性，进而采取措施，控制危险，保障安全。实践证明，开展危险预知活动是使安全工作扎实有效的法宝之一。危险预知活动可强化职工控制危险的能力，加快隐患的检查整改频率，提高职工整体的安全素质。

一、危险预知的内容

（1）车间、班组负责人对所管辖的范围或承担的作业项目，要明确无误，对重点岗位、难点问题及事故危险点要充分了解，做到心中有数。

（2）对所承担的项目、任务及可能会发生的伤害，引发的事故，如触电、起重伤害、落物伤人、火灾爆炸、中毒窒息等，都要在作业前仔细预想，并运用因果图、事故树分析等方法，分别列出对策加以落实，防患于未然。

（3）让每个职工都清楚作业岗位存在的危害因素，从人、机、料、法、环 5 个方面细化分析，认真填写危险预知报告书，交班组长和有关人员批准，并在作业前的准备会上通报。着重从作业情况、发生事故因素、潜在危险、重点对策、预防措施方面下功夫，以此来提高自我保

护能力和事故处理能力，达到危险预知大家清楚，危险报告人人会写，从而保证每次危险作业都能顺利完成。

（4）对于每一个具体项目，车间、班组负责人都要按照"人员是否足够、素质是否适应、配合是否默契、方案是否可行"的要求，精心组织、合理安排。在班组内，班组长和职工、职工和职工，工作、学习在一个特定的班组集体中，组成一个共同体，有着同志情、工友爱、师徒谊。班长要通过"上班看脸色、吃饭看胃口、干活看劲头、休息看情绪"来发现班组成员的心理、体力变化，及时发现问题，采取措施加以解决。

二、隐患排查整改

1. 加强巡检，发现隐患及时整改到位

在班组巡检中，要将生产工艺过程、设备运行情况、安全装置、个人防护用品的使用情况等作为巡检的重点，对发现的问题要及时整改，如果班组解决不了，就要及时上报车间。

2. 坚持进行"五查"活动

坚持进行"五查"活动，即查不安全装置、查不整洁环境、查不安全行为、查不标准操作、查违章违规作业，并把查与不查、粗查与细查、多查与少查、深查与浅查等列入各职工的业绩考核中，与奖金挂钩。

3. 建立缺陷检查、隐患整改台账

做到记录齐全、填写认真、情况真实和有据可查。

想一想，论一论

由案例3-11和案例3-12可以看出危险预知的好处有哪些？结合你从事的专业，思考有哪些危险预知的内容？

三、提高职工整体素质

1. 讲要点，明措施

车间、班组负责人根据生产特点、作业内容，以安全讲话的形式，用正反两个方面的案例来说明安全作业的要点、安全注意事项、预防事故的措施等。

2. 开展事故案例教育

每月或每周，将历史上这一月或这一周企业或国内发生的事故案例列出，做简要的分析评论，达到以案说法、以案说责，杜绝类似事故的发生。

3. 练业务提高全员素质

要对职工有计划、分批次地进行安全技术培训，对检修班组还要按期进行特种作业考核复证，也可模拟常见的设备故障进行故障处理预演，找出安全对策，营造良好的安全文化氛围。

4. 深化"结队帮促"活动

每个职工生产水平不同，安全技术各异，必须建立安全监督岗，开展"结队帮促"活动。识别危险物质、识别危险能量、识别危险环境、识别危险行为、识别危险转化，通过"五识别"来深化"结队帮促"活动。

习　题

一、填空题

1. 隐患排查整改措施包括＿＿＿＿＿、＿＿＿＿＿、＿＿＿＿＿。
2. 提高职工整体素质的措施是＿＿＿＿＿、＿＿＿＿＿、＿＿＿＿＿、＿＿＿＿＿。

二、简答题

1. 危险预知的概念及意义是什么？
2. 简述危险预知的内容。

复习题

1. 简述控制人的不安全行为的途径。
2. 简述如何加强对物的不安全状态管理。
3. 简述如何合理布置作业场所。
4. 如何对作业场所进行清理和整顿？
5. 简述推行标准化作业的目的、作用及内容。
6. 简述噪声对人的危害。
7. 简述隐患检查整改措施。
8. 简述提高职工整体素质的措施。

拓展习题：
作业现场安全管理

第四章 爆炸安全与防火防爆

本章学习要点

- 了解火灾与爆炸事故的特点及其破坏作用。
- 掌握灭火的基本方法及发生火灾时的避险与逃生方法。
- 掌握预防火灾爆炸事故的基本措施。
- 理解危险化学品燃烧与爆炸的危险性。
- 理解危险化学品事故的预防控制措施。
- 掌握毒气泄漏时的避险与逃生及中毒窒息的救护方法。

第一节 防火防爆技术

案例 4-1 某教师公寓小区开始实施节能综合改造项目，改变城市面貌，工程包括建筑保温、窗户改建、脚手架搭建、拆除窗户、外墙整修和门厅粉刷、线管整理等。

11 月 15 日 14 时 15 分，无证电焊工吴某和工人王某在加固公寓大楼 10 层脚手架的悬挑支架过程中，在没有任何防护的状态下，也没有配备消防设备，就进行电焊作业，作业中溅落的金属熔融物掉落在 9 层脚手架防护平台上，引燃了堆积的易燃物聚氨酯保温材料碎块、碎屑，火势迅速蔓延。事故发生后，两名工人均逃离现场，到 14 时 40 分时，也就是短短 25 分钟，火势就蔓延到整幢大楼的每一层，包括一楼底层。当有人报警后，消防人员迅速赶到现场实施救援，经过近 4 个小时的抢救，火势终于得到控制，但在这短短不到 4 个小时的时间，整幢楼付之一炬，造成 58 人死亡，71 人受伤，直接经济损失 1.58 亿元。

案例 4-2 ×年×月×日 13：00 过后，某钢瓶检测站站长指挥 6 名职工将一只 400L 的待检测环氧乙烷钢瓶滚到作业现场进行残液处理。他们将钢瓶阀门打开后未见余气和残液流出，之后把阀门卸下，仍没有残液和余气流出，便将阀门重新装上并关好，再将钢瓶底部的一只易熔塞座螺栓旋松后，没有立即听到"滋滋"的漏气声。工人们便去干其他工作了。工人们离开不久后，钢瓶发出"滋滋"漏气声。15：20 左右，检测站作业现场环氧乙烷钢瓶突然发生爆炸，造成正在作业现场的 3 人死亡、1 人重伤。公安消防部门接报后立即派出 7 辆消防车、43 名官兵赶赴现场，投入扑救抢险工作。爆炸导致站内大部分厂房和围墙倒塌，并造成周围一部分民宅的门窗玻璃不同程度地受损。

一、火灾的定义与分类

凡在时间或空间上失去控制的燃烧所造成的灾害，都为火灾。

国家标准《火灾分类》（GB/T 4968—2008）中，根据物质燃烧特性，将火灾分为 A、B、C、D、E、F 六类。

（1）A 类火灾，是指固体物质火灾。这种物质往往具有有机物性质，一般在燃烧时能产生灼热的余烬。如木材、棉、毛、麻、纸张火灾等。

（2）B 类火灾，是指液体火灾和可熔化的固体物质火灾。如汽油、煤油、原油、甲醇、乙醇、沥青、石蜡火灾等。

（3）C类火灾，是指气体火灾。如煤气、天然气、甲烷、乙烷、丙烷、氢气火灾等。

（4）D类火灾，是指金属火灾。如钾、钠、镁、钛、锆、锂、铝镁合金火灾等。

（5）E类火灾：带电火灾。物体带电燃烧的火灾。

（6）F类火灾：烹饪器具内的烹饪物（如动植物油脂火灾）。

根据公安部下发的《关于调整火灾等级标准的通知》，新的火灾等级标准由原来的特大火灾、重大火灾、一般火灾三个等级调整为特别重大火灾、重大火灾、较大火灾和一般火灾四个等级。

（1）特别重大火灾，是指造成30人以上死亡，或者100人以上重伤，或者1亿元以上直接财产损失的火灾。

（2）重大火灾，是指造成10人以上30人以下死亡，或者50人以上100人以下重伤，或者5000万元以上1亿元以下直接财产损失的火灾。

（3）较大火灾，是指造成3人以上10人以下死亡，或者10人以上50人以下重伤，或者1000万元以上5000万元以下直接财产损失的火灾。

（4）一般火灾，是指造成3人以下死亡，或者10人以下重伤，或者1000万元以下直接财产损失的火灾。（注："以上"包括本数，"以下"不包括本数。）

想一想，论一论

案例4-1和案例4-2中的火灾分别属于哪种类型？

二、爆炸事故及其特点

1. 常见爆炸事故类型

（1）可燃气体与空气混合引起的爆炸事故。

（2）可燃液体蒸气与空气混合引起的爆炸事故。

（3）可燃粉尘与空气混合引起的爆炸事故。

（4）火药、炸药及其制品引起的爆炸事故。

（5）锅炉及压力容器引起的爆炸事故，这类爆炸属于物理爆炸。

图4-1 突发性爆炸事故

2. 爆炸事故的特点与危害

（1）突发性爆炸事故往往瞬间发生，难以预料，如图4-1所示。

（2）复杂性爆炸事故的原因、灾害范围及后果各异，相差悬殊。

（3）严重性爆炸事故的破坏性大，往往是摧毁性的，造成惨重损失。

三、火灾与爆炸的破坏作用

火灾与爆炸都会带来生产设施的重大破坏和人员伤亡，但两者的发展过程明显不同。火灾是在起火后逐渐蔓延扩大，随着时间的延续，损失数量迅速增长，损失大约与时间的平方成比例，即火灾时间延长一倍，损失可能增加四倍。爆炸则猝不及防，可能仅在一秒内爆炸过程已经结束，设备损坏、厂房倒塌、人员伤亡等巨大损失也在瞬间发生。

爆炸通常伴随发热、发光、压力上升、电离、形成真空等现象，具有很强的破坏作用。它与爆炸物的数量和性质、爆炸时的条件，以及爆炸位置等因素有关。爆炸的主要破坏形式有以下几种。

（1）直接的破坏作用。机械设备、装置、容器等爆炸后产生许多碎片，飞出后会在相当大的范围内造成危害。一般碎片在 100～500m 内飞散。

（2）冲击波的破坏作用。物质在爆炸时，产生的高温高压气体以极高的速度膨胀，像活塞一样挤压周围的空气，把爆炸反应释放出的部分能量传递给压缩的空气层，空气受冲击而发生扰动，使其压力、密度等产生突变，这种扰动在空气中传播就称为冲击波。冲击波的传播速度极快，在传播过程中，可以对周围环境中的机械设备和建筑物产生破坏作用并造成人员伤亡。冲击波还可以在它的作用区域内产生震荡作用，使物体因震荡而松散，甚至破坏。

（3）造成火灾。爆炸发生后，爆炸气体产物的扩散只发生在极其短促的瞬间，对一般可燃物来说，不足以造成起火燃烧，而且冲击波造成的爆炸风有灭火作用。但是爆炸时产生的高温高压，建筑物内遗留大量的热或残余火苗，会把从破坏的设备内部不断流出的可燃气体、易燃或可燃液体的蒸气点燃，也可能把其他易燃物点燃引起火灾。当盛装易燃物的容器、管道在发生爆炸时，爆炸抛出的易燃物有可能引起大面积火灾，这种情况在油罐、液化气瓶爆炸后最易发生。正在运行的燃烧设备或高温的化工设备被破坏，其灼热的碎片可能飞出，点燃附近储存的燃料或其他可燃物，引起火灾。

（4）造成中毒和环境污染。在实际生产中，许多物质不仅是可燃的，而且是有毒的，在发生爆炸事故时，会使大量有害物质外泄，造成人员中毒和环境污染。

四、正确应对初起火灾

在火场上，火势发展大体经历四个阶段，即初起阶段、发展阶段、猛烈阶段和熄灭阶段。在初起阶段，火灾比较易于扑救和控制。据调查，有 45% 以上的初起火灾是现场人员扑灭的，因此火灾初起阶段灭火十分重要。

1. 及时准确报警

无论何时何地发生火灾都要立即报警，一方面要向周围人员发出火警信号，另一方面要向"119"消防指挥中心报警。不管火势大小，只要发现起火就应向消防指挥中心报警，即使有能力扑灭火灾，一般也应当报警。因为火势发展往往是难以预料的，如扑救方法不当，或对起火物质的性质了解不够，或受灭火器材的效用所限等，都可能控制不了火势而酿成火灾。

2. 疏散与抢救被困人员

当火灾发生时，现场人员必须坚持救人重于救火的原则，尤其是在人员集中的场所，更要采取稳妥可靠的措施，积极组织人员疏散。要通过喊话引导，稳定被困人员情绪；及时打开疏散通道等方法，积极抢救被烟火围困的人员。只要方法得当，绝大多数火灾现场的被困人员是可以安全疏散或通过自救而脱离险境的。

3. 掌握正确的灭火方法

面对初起火灾，必须掌握正确的灭火方法，科学合理地使用灭火器材和灭火剂。

在采用冷却灭火法时，可将灭火剂直接喷洒在可燃物上，使可燃物的温度降低到燃点以下，从而使燃烧停止，还可用水冷却尚未燃烧的可燃物质，防止其达到燃点而着火，也可用水冷却受火势威胁的生产装置或容器，防止其受热变形或爆炸；在采用隔离灭火法时，应迅速将火源附近的易燃易爆物品移到安全地点，并采取措施阻止易燃、可燃液体或可燃气体扩散，也可拆除与火源毗邻的易燃建筑物，形成阻止火势蔓延的空间地带；在采用窒息灭火法时，可用湿棉被、湿麻袋、沙土、泡沫等不燃或难燃材料覆盖燃烧物或封闭孔洞等；在采用抑制灭火法时，可将干粉灭火剂或泡沫灭火剂等喷入燃烧区参与燃烧反应，终止链反应从而使燃烧停止。

想一想，论一论

案例 4-1 中的哪些人员出现了哪些错误和过失？如果你是当事人，你会怎样做？

五、灭火的基本方法

灭火的原理是破坏燃烧过程中维持物质燃烧的条件，只要失去其中任何一个条件，燃烧就会停止，但由于灭火时，燃烧已经开始，控制火源在多数情况下已经没有意义，主要是消除另外两个条件，即可燃物和氧化剂。通常采用以下 4 种方法灭火。

（1）窒息灭火法。此法即阻止空气流入燃烧区，或用惰性气体稀释空气，使燃烧物质因得不到足够的氧气而熄灭。在火场上运用窒息法灭火时，可采用石棉布、浸湿的棉被、帆布、沙土等不燃或难燃材料覆盖燃烧物或封闭孔洞；将水蒸气、惰性气体通入燃烧区域内；在万不得已而条件又许可的情况下，也可以采取用水淹没的方法灭火。

窒息灭火法适用于扑救燃烧部位空间较小，容易堵塞或封闭的房间或生产及储运设备内发生的火灾。灭火后，要严防因过早打开封闭的房间或设备，使新鲜空气流入，导致"死灰复燃"。

（2）冷却灭火法。此法即将水、泡沫、二氧化碳等灭火剂直接喷洒在燃烧着的物体上，将

可燃物的温度降到燃点以下来终止燃烧，也可用灭火剂喷洒在火场附近未燃的可燃物上起冷却作用，防止其受辐射热影响而升温起火。

（3）隔离灭火法。此法即将燃烧物质与附近未燃的可燃物质隔离或疏散开，使燃烧因缺少可燃物质而停止。这种方法适用于扑救各种固体、液体和气体火灾。隔离灭火法常用的具体措施有：将可燃、易燃、易爆物质和氧化剂从燃烧区移至安全地点；关闭阀门，阻止可燃气体、液体流入燃烧区；用泡沫覆盖已着火的可燃液体表面，把燃烧区与可燃液体表面隔开，阻止可燃蒸气进入燃烧区。

（4）化学抑制灭火法。将化学灭火剂喷向火焰，让灭火剂参与燃烧反应，从而抑制燃烧过程，使火迅速熄灭。在使用灭火剂时，一定要将灭火剂准确地喷洒在燃烧区内，否则灭火效果不好。

在灭火中，应根据可燃物的性质、燃烧特点、火灾大小、火场的具体条件，以及消防技术装备的性能等实际情况，选择一种或几种灭火办法。例如，对电器火灾，宜用窒息法，而不能用水浇的方法；对油火，宜用化学灭火剂。无论采用哪种灭火方法，都要重视初起灭火，力求在火灾初起时迅速将火扑灭。

六、灭火器的分类及使用

灭火器是火灾扑救中常用的灭火工具。在火灾初起之时，由于范围小、火势弱，是扑救火灾的最有利时机，正确、及时地使用灭火器，可以避免巨大的损失。

灭火器结构简单、轻便灵活，稍经学习和训练就能掌握其操作方法。目前，常用的灭火器有泡沫灭火器、二氧化碳灭火器、干粉灭火器，以及1211灭火器等。

（一）灭火器的灭火作用、灭火范围

1. 泡沫灭火器

泡沫灭火器的灭火作用表现在：在燃烧物表面形成的泡沫覆盖层，使燃烧物表面与空气隔绝，起到窒息灭火的作用。由于泡沫层能阻止燃烧区的热量作用于燃烧物质的表面，因此可防止可燃物本身和附近可燃物的蒸发。泡沫析出的水对燃烧物表面进行冷却，泡沫受热蒸发产生的水蒸气可以降低燃烧物附近的氧的浓度。

泡沫灭火器的灭火范围：适用于扑救 A 类火灾，如木材、棉、麻、纸张等火灾，也能扑救一般的 B 类火灾，如石油制品、油脂等火灾，但不能扑救 B 类火灾中的水溶性可燃、易燃液体的火灾，如醇、酯、醚、酮等物质的火灾。

2. 干粉灭火器

干粉灭火器的作用表现在：一是消除燃烧物产生的活性游离子，使燃烧的连锁反应中断；二是干粉在遇到高温分解时吸收大量的热，并放出蒸气和二氧化碳，达到冷却和稀释燃烧区空气中氧的作用。

干粉灭火器的灭火范围：适用于扑救可燃液体、气体、电气火灾，以及不宜用水扑救的火灾。ABC干粉灭火器可以扑救带电物质火灾和A、B、C、D类物质燃烧的火灾。

3. 二氧化碳灭火器

二氧化碳灭火器的灭火作用表现在：当燃烧区二氧化碳在空气中的体积分数达到30%～50%时，能使燃烧熄灭，主要起窒息作用，同时二氧化碳在喷射灭火过程中吸收一定的热能，有一定的冷却作用。

二氧化碳灭火器的灭火范围：适用于扑救600V以下电气设备、精密仪器、图书、档案的火灾，以及范围不大的油类、气体和一些不能用水扑救的物质的火灾。

4. 1211灭火器

1211灭火器的灭火作用表现在：主要是抑制燃烧的连锁反应，中止燃烧，同时兼有一定的冷却和窒息作用。

1211灭火器的灭火范围：适用于扑救易燃、可燃液体、气体，以及带电设备的火灾，也能对固体物质表面火灾进行扑救（如竹、纸、织物等），尤其适用于扑救精密仪表、计算机、珍贵文物，以及贵重物资仓库的火灾，也能扑救飞机、汽车、轮船、宾馆等场所的初起火灾。

（二）灭火器的使用方法

1. 手提式灭火器的使用

（1）机械泡沫、1211、二氧化碳、干粉灭火器。这些灭火器一般由一人操作，在使用时将灭火器迅速提到火场，在距起火点5m处，拔下灭火器，先撕掉安全铅封，拔掉保险销，然后右手紧握压把，左手握住喷射软管前端的喷嘴（没有喷射软管的，左手可扶住灭火器底圈）对准燃烧处喷射，如图4-2所示。

图4-2 灭火器的使用

在灭火时，应把喷嘴对准火焰根部，由近而远，左右扫射，并迅速向前推进，直至火焰全部扑灭。

在使用泡沫灭油品火灾时，应将泡沫喷射向大容器的器壁上，从而使泡沫沿器壁流下，再平行地覆盖在油品表面，从而避免泡沫直接冲击油品表面，增加灭火难度。

安全微课：
多种灭火器的使用方法

（2）化学泡沫灭火器。将灭火器直立提到距起火点10m处，使用者的一只手握住提环，另一只手抓住筒体的底圈，将灭火器颠倒过来，泡沫即可喷出。在喷射泡沫的过程中，灭火器应一直保持颠倒和垂直状态，不能横式或直立过来，否则喷射会中断。

2. 推车灭火器的使用

（1）机械泡沫、1211、二氧化碳、干粉灭火器。推车灭火器一般由两个人操作，在使用时，将灭火器迅速拉到或推到火场，在离起火点10m处停下。一人将灭火器放稳，然后撕下铅封，拔下保险销，迅速打开气体阀门或开启机构；一人迅速展开喷射软管，一手握住喷射枪枪管，另一只手扣动扳机，将喷嘴对准燃烧场，扑灭火灾。

（2）化学泡沫灭火器。在使用时，两个人将灭火器迅速拉到或推到火场，在离起火点10m处停下，一人逆时针方向转动手轮，使药液混合，产生化学泡沫；一人迅速展开喷射软管，双手握住喷枪，喷嘴对准燃烧场，扑灭火灾。

七、火灾时的避险与逃生

火灾的发生往往是瞬间的、无情的，如何提高自我保护能力，从火灾现场安全撤离，成为减少火灾事故中人员伤亡的关键。因此，多掌握一些自救与逃生的知识和技能，把握住脱险时机，就会在困境中拯救自己或赢得更多等待救援的时间。

（一）遇到火情时的对策

（1）火势初期，如果发现火势不大，未对人与环境造成很大威胁，其附近有消防器材，如灭火器、消防栓、自来水等，应尽可能地在第一时间将火扑灭，不可置小火于不顾而酿成火灾。

（2）当火势失去控制时，不要惊慌失措，应冷静机智地运用火场自救和逃生知识摆脱困境。心理的恐慌和崩溃往往使人丧失绝佳的逃生机会。

（二）建筑物内发生火灾时的避险与逃生

1. 火灾现场的自救与逃生

（1）沉着冷静，辨明方向，迅速撤离危险区域。突遇火灾，面对浓烟和大火，首先要使自己保持镇静，迅速判断危险地点和安全地点，果断决定逃生的办法，尽快撤离险地。如果火灾现场人员较多，切不可慌张，更不要拥挤、盲目跟从或乱冲乱撞，造成意外伤害。

在撤离时，要朝明亮或外面空旷的地方跑，同时尽量向楼梯下面跑。进入楼梯间后，在确定下楼层未着火时，可以向下逃生，绝不往上跑。若通道已被烟火封阻，则应背向烟火方向离开，通过阳台、天台等往室外逃生。如果现场烟雾很大或断电，能见度低，无法辨明方向，则应贴近墙壁或按指示灯的提示摸索前进，找到安全出口。

（2）利用消防通道，不可进入电梯。在高层建筑中，电梯的供电系统在火灾时随时会断电，或因强热作用使电梯部件变形而将人困在电梯内，给救援工作增加难度；同时由于电梯井犹如贯通的烟囱般直通各楼层，有毒的烟雾极易被吸入其中，人在电梯里随时会被浓烟毒气熏呛而窒息。因此，在发生火灾时千万不可乘普通的电梯逃生，而是要根据情况选择进入相对安全的消防通道、有外窗的通廊。此外，还可以利用建筑物的阳台、窗台、天台屋顶等攀到周围的安全地点。

如果逃生要经过充满烟雾的路线，为避免浓烟呛入口鼻，可使用毛巾或口罩蒙住口鼻，同时使身体尽量贴近地面或匍匐前行。烟气较空气轻而飘于上部，因而贴近地面撤离是避免烟气吸入、滤去毒气的最佳方法。穿过烟火封锁区，应尽量佩戴防毒面具、头盔、阻燃隔热服等护具，如果没有这些护具，可向头部、身上浇冷水或用湿毛巾、湿棉被、湿毯子等将头、身体裹好，再冲出去。

（3）寻找、自制有效工具进行自救。有些建筑物内设有高空缓降器或救生绳，火场人员可以通过这些设施安全地离开危险的楼层。如果没有这些专门设施，而安全通道又被烟火封堵，在救援人员还不能及时赶到的情况下，可以迅速利用身边的绳索或床单、窗帘、衣服等自制成简易救生绳，有条件的最好用水打湿，然后从窗台或阳台沿绳缓滑到下面楼层或地面；还可以沿着水管、避雷线等建筑结构中的凸出物滑到地面安全逃生。

（4）暂避较安全场所，等待救援。假如用手摸房门已感到烫手，或已知房间被大火或烟雾围困，此时切不可打开房门，否则火焰与浓烟会顺势冲进房间。这时可采取创造避难场所、固守待援的办法。首先应关紧迎火的门窗，打开背火的门窗，用湿毛巾或湿布条塞住门窗缝隙，或者用水浸湿棉被蒙上门窗，并不停地泼水降温，同时用水淋透房间内的可燃物，防止烟火渗入，固守在房间内，等待救援人员到达。

（5）设法发出信号，寻求外界帮助。被烟火围困暂时无法逃离的人员，应尽量站在阳台或窗口等易于被人发现和能避免烟火近身的地方。在白天，可以向窗外晃动鲜艳衣物；在晚上，可以用手电筒不停地在窗口闪动或者敲击金属物、大声呼救等方式，及时发出有效的求救信号，引起救援者的注意。另外，消防人员进入室内救援都是沿墙壁摸索前进，所以当被烟气窒息失去自救能力时，应努力滚到墙边或门边，便于消防人员寻找、营救。同时，躺在墙边也可防止房屋结构塌落砸伤自己。

（6）在无法逃生时，跳楼是最后的选择。身处火灾烟气中的人，往往陷于恐慌之中，这种恐慌心理极易导致不顾一切的伤害性行为，如跳楼逃生。应该注意的是，只有消防人员准备好救生气垫并指挥跳楼时，或者楼层不高（一般4层以下），非跳楼即被烧死的情况下，才采取跳楼的方法。即使已没有任何退路，若生命还未受到严重威胁，也要冷静地等待消防人员的救援。

跳楼逃生时应尽量往救生气垫中部跳或选择有水池、软雨篷、草地等方向跳；如有可能，要尽量抱些棉被、沙发垫等松软物品，以减缓冲击力。如果被火困于二楼，一定要抓住窗台或阳台边沿使身体自然下垂，以尽量降低身体与地面的垂直距离，落地前要双手抱紧头部，身体弯曲成一团，以减少伤害。跳楼虽可求生，但会对身体造成一定的伤害，所以要慎之又慎。

2. 提高自救与逃生能力

在火势越来越大，不能立即扑灭，有人被围困的危险情况下，应尽快设法脱险。如果门窗、

通道、楼梯已被烟火封住，确实没有可能向外冲时，可向头部、身上浇些冷水或用湿毛巾、湿被单将头部包好，用湿棉被、湿毯子将身体裹好，再冲出险区。如果浓烟太大，呛得透不过气来，可用口罩或毛巾捂住口鼻，身体尽量贴近地面行进或者爬行，穿过险区。当楼梯被烧断，通道被堵死时，应保持镇静，设法从别的安全地方转移。可根据当时的具体情况，采取以下几种方法脱离险区。

（1）可以从别的楼梯或室外消防梯走出险区。有些高层楼房设有消防梯，人们应熟悉通向消防梯的通道，着火后可迅速由消防梯的安全门下楼。

（2）低楼层的人员可以利用结实的绳索（如果找不到绳索，可将被褥、床单或结实的窗帘布等撕成条，拧成绳），拴在牢固的窗框或床架上，然后沿绳缓缓爬下。

（3）如果被火困于二楼，可以先向楼外扔一些被褥作为垫子，然后攀着窗口或阳台往下跳。这样可以缩短距离，更好地保证人身安全。如果被困于三楼以上，千万不要急于往下跳，因距离大，容易造成伤亡。

（4）可以转移到其他比较安全的房间、窗边或阳台上，耐心等待消防人员。

（三）矿井火灾的避险与逃生

在井下发生火灾事故时，现场人员要保持镇静，并尽力灭火。如果火灾范围很大，或者火势很猛，现场人员已无力扑灭，就要进行自救。由于矿井环境有特殊性，因此积极进行自救避险显得极为重要，具体做法如下。

（1）迅速戴好自救器，听从现场指挥人员的指挥，按照平时应急方案的演习步骤，有秩序地撤离火灾现场。

（2）位于火源进风侧的人员，应迎着新鲜风流撤退。位于火源回风侧的人员，如果距离火源较近且火势不大，则应迅速冲过火源撤到进风侧，然后迎风撤退；如果无法冲过火区，则沿回风撤退一段距离，尽快找到捷径绕到新鲜风流中再撤退。

（3）如果巷道已经充满烟雾，则绝对不能惊慌、不能乱跑，要迅速地辨明发生火灾的地区和风流方向，然后俯身顺着铁道或铁管有秩序地外撤。

（4）如果实在无法撤出，应利用独头巷道、硐室或两道风门之间的条件，因地制宜、就地取材构建临时避难硐室，尽量隔断风流，防止烟气侵入，然后静卧待救。

（5）所有避灾人员必须统一行动，团结互助，共同渡过难关。

（四）汽车火灾的施救与逃生

近年来，汽车火灾事故时有发生，给国家和人民的生命财产造成了较大的损失。

当汽车发动机发生火灾时，驾驶员应迅速停车，让乘车人员打开车门自己下车，然后切断电源，取下随车灭火器，将发动机舱盖微翘起，将灭火器导管伸入发动机舱内，对准着火部位的火焰正面猛烈喷射，扑灭火焰。

当汽车车厢内货物发生火灾时，驾驶员应将汽车驶离重点要害部位（或人员集中场所）停

安全标语 ▶ 火场烟雾有剧毒，低姿逃生护口鼻。

下，并迅速拨打119向消防队报警。同时，驾驶员应及时取下随车灭火器扑救火灾，当火一时扑灭不了时，应劝围观群众远离现场，以免发生爆炸事故，造成无辜群众伤亡，使灾害扩大。

当汽车在加油过程中发生火灾时，驾驶员不要惊慌，要立即停止加油，迅速将车开出加油站（库），用随车灭火器或加油站的灭火器以及衣服等将油箱上的火焰扑灭，如果地面有流散的燃料，应用库区灭火器或沙土将地面的火扑灭。

当汽车被撞到后发生火灾时，由于被撞到的车辆零部件损坏，乘车人员伤亡比较严重，首要任务是设法救人。如果车门没有损坏，应打开车门让乘车人员逃出；如果车门损坏，应立即采取措施破坏车窗将乘车人员救出，以上两种方法可以同时进行。同时驾驶员可利用扩张器、切割器、千斤顶、消防斧等工具配合消防人员救人灭火。

当停车场发生火灾时，一般视着火车辆位置，采取扑救措施和疏散措施。如果着火汽车在停车场中间，应在扑救火灾的同时，组织人员疏散周围停放的车辆。如果着火汽车在停车场的一边，应在扑救火灾的同时，组织人员疏散与着火汽车相连的车辆。

当公共汽车发生火灾时，由于车上人员众多，首先应考虑到救人和报警，视着火的具体部位，确定逃生和扑救方法。如果着火的部位在公共汽车的发动机，驾驶员应开启所有车门，让乘客从车门下车，再组织扑救火灾。如果着火部位在汽车中间，驾驶员开启车门后，乘客应从两头车门下车，驾驶员和乘车人员再扑救火灾、控制火势。如果车上线路被烧坏，车门开启不了，乘客可从就近的窗户下车。如果火焰封住了车门，车窗因人多不易下去，可用衣物蒙住头从车门处冲出去。

当驾驶员和乘车人员衣服被火烧着时，如时间允许，可以迅速脱下衣服，用脚将衣服的火踩灭；如果来不及，乘客之间可以用衣物拍打或用衣物覆盖火势以窒息灭火，或就地打滚滚灭衣服上的火焰。

八、预防火灾爆炸事故的基本措施

引发火灾的条件是可燃物、氧化剂和点火能源同时存在、相互作用；引发爆炸的条件是爆炸品或者可燃物、空气的混合物与引爆能源同时存在、相互作用。如果采取措施避免或者消除上述条件，就可以防止火灾或爆炸事故的发生。具体来说，就是消除导致火灾或爆炸的物质条件和消除、控制点火能源或引爆能源。

1. 消除导致火灾或爆炸的物质条件

（1）尽量不使用或少使用可燃物。通过改进生产工艺和技术，以不燃物或者难燃物代替可燃物或者易燃物，以燃爆危险性小的物质代替危险性大的物质，这是防火防爆的基本原则。

（2）生产设备及系统尽量密闭化。已密闭的正压设备或系统要防止泄漏，负压设备及系统要防止空气渗入。

（3）采取通风措施。对于因生产系统或设备无法密闭或者无法完全密闭，可能存在可燃气体、蒸气、粉尘的生产场所，要设置通风装置以降低空气中的可燃物的浓度。

（4）合理布置生产工艺。根据原材料火灾危险性质，安排、选用符合安全要求的设备和工艺流程。性质不同但能相互作用的物品应分开存放。

2. 消除、控制点火能源或引爆能源

（1）防止撞击、摩擦产生火花。在爆炸危险场所严禁穿带钉鞋进入；严禁使用能产生冲击火花的工具、器具，而应使用防爆工具、器具或者铜制和木制的工具、器具；机械设备中凡会发生撞击、摩擦的两部分应采用不同的金属。

（2）防止高温物体表面引起着火，对一些自燃点较低的物质，尤其需要注意。为此，高温物体表面应当有保温或隔热措施；禁止在高温表面烘烤衣物；注意清除高温物体表面的油污，以防其受热分解、自燃。

（3）消除静电。在爆炸场所，所有可能发生静电的设备、管道、装置、系统都应当接地；增加工作场所空气的湿度；使用静电中和器等。

（4）防止明火。生产过程中的明火主要是指加热用火、维修用火等。在加热可燃物时，应避免采用明火，宜使用水蒸气、热水等间接加热。如果必须使用明火加热，加热设备应当严格密闭。在生产场所因烟头引起的火灾也时有发生，应引起警惕。

想一想，论一论

案例 4-2 中的爆炸是如何引起的？如果你是其中的工作人员，应怎样防止事故的发生？

习 题

安全微课：
工厂消防安全指南

一、填空题

1. 凡在时间或空间上失去控制的燃烧所造成的灾害，都为_____。根据物质燃烧特性，将火灾分为_____、_____、_____、_____、_____、_____六类。

2. 火灾与爆炸的破坏作用有直接和_____的破坏作用、造成火灾、_____和环境污染等。

3. 灭火的基本方法一般有_____、_____、_____、_____。

二、简答题

1. 如何做到火灾现场的自救与逃生？

2. 预防火灾爆炸事故的基本措施有哪些？

第二节　危险化学品安全管理

**案例
4-3**
　　4月15日至18日，某化工总厂相继发生氯气泄漏和爆炸事故。该化工总厂的工人在操作中发现，2号氯冷凝器出现穿孔，有氯气泄漏，厂部立刻进行紧急处置。但16日凌晨2点左右，冷凝器突然发生局部爆炸，氯气随即弥漫开来。市领导亲临事故现场指挥抢险，专家已对4、5、6号氯罐进行排氯，以防氯气罐发生更大规模的爆炸。将3个氯气罐通过4根铁管将氯气排到江边的水池中，同时注入碱水，二者融合后，不再构成危害。专家预计，到16日18时左右，3个罐的氯气可以排完。但总厂处置现场违规操作，让工人用机器从氯罐向外抽氯气，以加快排放速度，结果导致罐内温度升高，引发爆炸。在距离爆炸现场300m的地方，能闻到刺鼻的气味。共造成9人死亡，3人受伤。22时左右，爆炸现场的厂房轰然倒塌，管槽被埋住，里面的氯气仍在不断地释放出来。环保监测部门在现场设置了5个监测点，不间断地监测空气质量，消防队员不断地喷射水幕以稀释氯气。

　　该化工总厂处在人口稠密的地带，而常人吸入浓度为每立方米2.5mg的氯气就会死亡……情况十分危急！"快跑！化工厂氯气泄漏了……"16日上午10时，街道社区干部挨家挨户地敲门，大声呼唤居民转移。街道上成群的居民用湿毛巾捂住鼻子，在公安、武警、街道干部的带领下，展开了一场与毒气的"赛跑"。上午10:30，与化工总厂一江之隔的区域，一辆辆警车从街道上风驰电掣，呼啸而过。几分钟后街道上已经停满了转移群众的大客车。1小时内，人员转移完毕，街道顿时寂静下来，只有公安干警、消防官兵忙碌的身影。短短的半天多时间，累计有15万人被紧急疏散，而且无人伤亡。在成功疏散的背后，是各级党委政府的不懈努力：从市到区、街道、居委会都紧急动员起来，专人负责引导群众撤离；数百武警官兵、公安干警奋战在抢险第一线……

　　4月18日17时35分，氯气泄漏事故发生60多个小时之后，黄色炸药终于将现场残留的危险源彻底炸毁。浓雾中传出一声巨响，灰飞烟灭之后，6个威胁数万居民安全的有毒气罐终于停止了泄漏，一场造成15万人大转移的氯气泄漏和爆炸事故解除了危险。

　　相关资料：氯为黄绿色气体，有强烈的刺激性气味，高压下可呈液态。氯气被人吸入后，可迅速附着于呼吸道黏膜，之后可能导致人体支气管痉挛、支气管炎、支气管周围水肿、充血和坏死。人吸入浓度为每立方米2.5mg的氯气，就会死亡。一旦发生氯气泄漏，应立即用湿毛巾捂住嘴、鼻，快跑到空气新鲜处。

案例 4-4 某现代化的特大型矿井是原设计年生产能力 400 万吨（技术改造后核定能力 500 万吨），并配有相应生产能力的现代化选煤厂，井田面积 73.33km²，工业储量 10.28 亿吨，可采储量 6.28 亿吨。2 月 22 日该矿发生特别重大瓦斯爆炸事故，当时在井下的矿工有 436 人，其中 375 人陆续逃出矿井。搜救工作一直持续到 2 月 22 日 18 时，井下被困矿工全部找到，共造成 78 人死亡、114 人受伤，直接经济损失 2386 万元。这是一起由于事故发生单位安全生产管理存在漏洞，隐患排查治理不到位，存在违章指挥、违章作业、违反作业规程，有关政府职能部门监管不力而导致的责任事故。

危险化学品是指具有毒害、腐蚀、爆炸、燃烧、助燃等性质，对人体、设施、环境具有危害的剧毒化学品和其他化学品。

一、燃烧与爆炸的危险性

化学品的燃烧与爆炸需要三个要素，即可燃物、助燃物和点火能源。它们必须具有适当的比例并在合适的状态下才能燃烧或爆炸。过量的燃料与不充足的氧，或者高浓度的氧与不足量的燃料都不会发生燃烧。只有具备了一定数量和浓度的燃料和氧，以及具备一定能量的点火能源，才能引起燃烧或爆炸。例如，甲烷在空气中的浓度小于 5.3% 或大于 14% 时，由于甲烷浓度过低或氧气浓度过低，甲烷都不能燃烧。同时，要使燃烧发生，就必须具备一定点火能源。若用热能引燃甲烷和空气的混合物，当点燃温度低于 595℃ 时燃烧便不能发生；若用电火花点燃，则最小点火能量为 0.28MJ，小于该数值，该混合气体也不着火。

1. 可燃气体、可燃蒸气或可燃粉尘的燃爆危险性

可燃气体、可燃蒸气或可燃粉尘与空气组成的混合物，当遇点火源时极易发生燃烧或爆炸。但燃烧或爆炸并非在任何混合比例下都能发生，而是有固定浓度范围的。在火源作用下，可燃气体、可燃蒸气或可燃粉尘在空气中，恰足以使火焰蔓延的最低浓度称为该气体、蒸气或粉尘的爆炸下限，也称燃烧下限。同理，恰足以使火焰蔓延的最高浓度称为爆炸上限，也称燃烧上限。上限和下限统称为爆炸极限或燃烧极限。上限和下限之间的浓度称为爆炸范围。浓度在爆炸范围以外，可燃物不着火，更不会爆炸。但要注意，在容器或管道中，可燃气体浓度虽在爆炸上限以上，若空气渗漏进去，则随时有燃烧、爆炸的危险。

可燃气体、可燃蒸气的爆炸极限用其在空气中的体积百分比表示，而可燃粉尘用 $mg \cdot m^{-3}$ 表示。例如，乙醇的爆炸范围为 4.3%~19.0%，4.3% 称为爆炸下限，19.0% 称为爆炸上限。爆炸极限的范围越宽，爆炸下限越低，爆炸危险性越大。通常的爆炸极限是在常温、常压的标准条件下测定出来的，它随温度、压力的变化而变化。

另外，某些气体在没有空气或氧存在的条件下，也可以发生爆炸。例如，乙炔在没有氧气的情况下，若被压缩到 0.2MPa 以上，遇到火星也能爆炸。这种爆炸是由物质的分解引起的，称为分解爆炸。针对乙炔分解爆炸的特性，目前采用多孔物质，即把乙炔压缩溶解在多孔物质上。除乙炔外，其他一些分解反应为放热反应的气体，也有同样的性质，如乙烯、环氧乙烷、丙烯、

一氧化氮、二氧化氮、二氧化氯等。

2. 液体的燃爆危险性

易（可）燃液体在火源或热源的作用下，先蒸发成蒸气，然后蒸气氧化分解进行燃烧。液体的表面有一定数量的蒸气存在，蒸气的浓度取决于该液体所处的温度，温度越高则蒸气浓度越大。在一定的温度下，易（可）燃液体表面的蒸气和空气的混合物与火焰接触时，能闪出火花，但随即熄灭，这种瞬间燃烧的过程叫闪燃。液体能发生闪燃的最低温度叫闪点。液体在闪点温度，蒸发速度较慢，表面上积累的蒸气遇火瞬间即会烧尽，而新蒸发的蒸气还来不及补充，所以不能持续燃烧。当温度高于闪点时，易（可）燃液体随时都有遇火源被点燃的可能。因此，闪点是液体可以引起火灾危险的最低温度。液体的闪点越低，它的火灾危险性越大。

3. 固体的燃爆危险性

固体燃烧分两种情况，对于硫、磷等低熔点简单物质，受热时首先熔化，然后蒸发变为蒸气进行燃烧，无分解过程，容易着火；对于复杂物质，受热时首先分解，生成气态和液态产物，然后气态和液态产物的蒸气再发生氧化而燃烧。

某些固态化学物质一旦点燃将迅速燃烧，如镁一旦燃烧将很难熄灭；某些固体对摩擦、撞击特别敏感，如爆炸品、有机过氧化物，当受外来撞击或摩擦时，很容易引起燃烧爆炸，故对该类物品进行操作时，要轻拿轻放，切忌摔、碰、拖、拉、抛、掷等；某些固态物质在常温或稍高温度下即能发生自燃，如白磷露置在空气中能很快燃烧。因此生产、运输、储存等环节要加强对该类物品的管理，减少火灾、爆炸事故的发生。

在火灾事故中，引发固体火灾事故较多的是化学品自热燃烧和受热自燃。可燃固体因内部发生的化学、物理或生物化学过程而放出热量，这些热量在适当条件下会逐渐积累，使可燃物温度上升，达到自燃点而燃烧，这种现象称自热燃烧。在常温空气中能发生化学、物理、生物化学作用放出氧化热、吸附热、聚合热、发酵热等热量的物质均可能发生自热燃烧。例如，硝化棉及其制品（如火药、硝酸纤维素等），在常温下会自发分解放出分解热，而且它们的分解反应具有自催化作用，容易导致燃烧或爆炸；植物和农副产品（如稻草、木屑、粮食等）含有水分，会因发酵而放出发酵热，若积热不散，温度逐渐升高至自燃点，则会引起自燃。

可燃物质在外部热源作用下，温度逐渐升高，当达到自燃点时，即可着火燃烧，这种现象称为受热自燃。例如，合成橡胶干燥工段，若橡胶长期积聚在蒸气加热管附近，则极易引起橡胶的自燃。

二、危险化学品的安全管理要求

国家对化学危险品事故非常重视，于2013年12月7日国务院修订通过了《危险化学品安全管理条例》，其中第六条规定：

（1）安全生产监督管理部门负责危险化学品安全监督管理综合工作，组织确定、公布、调整危险化学品目录，对新建、改建、扩建生产、储存危险化学品（包括使用长输管道输送危

化学品，下同）的建设项目进行安全条件审查，核发危险化学品安全生产许可证、危险化学品安全使用许可证和危险化学品经营许可证，并负责危险化学品登记工作。

（2）公安机关负责危险化学品的公共安全管理，核发剧毒化学品购买许可证、剧毒化学品道路运输通行证，并负责危险化学品运输车辆的道路交通安全管理。

（3）质量监督检验检疫部门负责核发危险化学品及其包装物、容器（不包括储存危险化学品的固定式大型储罐，下同）生产企业的工业产品生产许可证，并依法对其产品质量实施监督，负责对进出口危险化学品及其包装实施检验。

（4）环境保护主管部门负责废弃危险化学品处置的监督管理，组织危险化学品的环境危害性鉴定和环境风险程度评估，确定实施重点环境管理的危险化学品，负责危险化学品环境管理登记和新化学物质环境管理登记；依照职责分工调查相关危险化学品环境污染事故和生态破坏事件，负责危险化学品事故现场的应急环境监测。

（5）交通运输主管部门负责危险化学品道路运输、水路运输的许可以及运输工具的安全管理，对危险化学品水路运输安全实施监督，负责危险化学品道路运输企业、水路运输企业驾驶人员、船员、装卸管理人员、押运人员、申报人员、集装箱装箱现场检查员的资格认定。铁路监管部门负责危险化学品铁路运输及其运输工具的安全管理。民用航空主管部门负责危险化学品航空运输以及航空运输企业及其运输工具的安全管理。

（6）卫生主管部门负责危险化学品毒性鉴定的管理，负责组织、协调危险化学品事故受伤人员的医疗卫生救援工作。

（7）工商行政管理部门依据有关部门的许可证件，核发危险化学品生产、储存、经营、运输企业营业执照，查处危险化学品经营企业违法采购危险化学品的行为。

（8）邮政管理部门负责依法查处寄递危险化学品的行为。

1. 危险化学品储存的安全要求

（1）危险化学品应当储存在专门地点，不得与其他物资混合储存。

（2）危险化学品应该分类、分堆储存，堆垛不得过高、过密，堆垛之间以及堆垛与墙壁之间，应该留出一定间距、通道及通风口。

（3）互相接触容易引起燃烧、爆炸的物品及灭火方法不同的物品，应该隔离储存。

（4）遇水容易发生燃烧、爆炸的危险化学品，不得存放在潮湿或容易积水的地点。受阳光照射容易发生燃烧、爆炸的危险化学品，不得存放在露天或者高温的地方，必要时还应该采取降温和隔热措施。

（5）容器、包装要完整无损，如发现破损、渗漏必须立即进行安全处理，如图 4-3 所示。

图 4-3　容器的爆炸

（6）性质不稳定、容易分解和变质，以及混有杂质而容易引起燃烧、爆炸的危险化学品，应该进行检查、测温、化验，以防止自燃及爆炸。

（7）不准在储存危险化学品的库房内或露天堆垛附近进行实验、分装、打包、焊接和其他

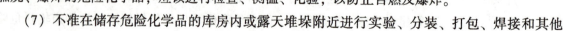

可能引起火灾的操作。

（8）库房内不得住人，在工作结束时，应进行防火检查，切断电源。

2. 危险化学品运输的安全要求

（1）托运危险化学品必须出示有关证明，到指定的铁路、交通、航运等部门办理手续。托运危险化学品必须与托运单上所列的物品相符。

（2）危险化学品的装卸和运输人员，应按装运危险化学品的性质，佩戴相应的防护用品，在装卸时必须轻装、轻卸，严禁摔、拖、重压和摩擦，不得损毁包装容器，并注意标示牌，堆放稳妥。

（3）危险化学品在装卸前，应对车（船）进行必要的通风和清扫，不得留有残渣，对装有剧毒物品的车（船），卸车后必须洗刷干净。

（4）装运易爆炸、剧毒、放射性物品或易燃液体、可燃气体等，必须使用符合安全要求的运输工具。禁止用电瓶车、翻斗车、铲车、自行车等运输易爆炸物品。在运输强氧化剂、爆炸品时，不宜用铁底板车及汽车挂车；禁止用叉车、铲车、翻斗车搬运易燃、易爆液化气体等危险物品；在温度较高地区装运液化气体和易燃液体等危险物品，要有防晒设施；遇水燃烧物品及有毒物品，禁止用小型机帆船、小木船和水泥船承运。

（5）运输易爆炸、剧毒和放射性物品，应指派专人押运，押运人员不得少于2人。

（6）运输危险物品的车辆，必须保持安全车速，保持车距，严禁超车、超速和强行会车。按公安交通管理部门指定的路线和时间运输，不可在繁华街道行驶和停留。

（7）运输易燃、易爆物品的机动车，其排气管应装阻火器，并悬挂"危险品"标志。

（8）运输散装固体危险物品，应根据性质采取防火、防爆、防水、防粉尘飞扬和遮阳等措施。

三、危险化学品事故的预防控制措施

对危险化学品中毒、污染事故的预防控制可采取下列措施。

（1）替代。选用无毒或低毒的化学品代替有毒有害的化学品，选用不燃或难燃的化学品代替可燃或易燃的化学品。

（2）变更。工艺采用新技术，改变原料配方，消除或降低化学品危害。

（3）隔离。将生产设备封闭起来，或设置屏障，避免作业人员直接暴露于有害环境中。

（4）通风。借助于有效的通风，使作业场所空气中的有害气体、蒸气或粉尘的浓度降低。通风分局部排风和全面通风两种。局部排风适用于点式扩散源，将污染源置于通风罩控制范围内；全面通风适用于面式扩散源，通过提供新鲜空气，将污染物分散稀释。

（5）个体防护。作为一种辅助性措施，个体防护是一道阻止有害物质进入人体的屏障。防护用品主要有呼吸防护器具、头部防护器具、眼部防护器具、身体防护器具、手足防护用品等。

（6）保持卫生。保持卫生包括保持作业场所清洁和作业人员个人卫生两个方面。经常清洗作业场所，对废物、溢出物及时处置；作业人员养成良好的卫生习惯，防止有害物质附着在皮肤上。

危险化学品火灾、爆炸事故可按如下方法进行预防。

1. 防止燃烧、爆炸系统的形成

1）替代。

2）密闭。

3）惰性气体保护。

4）通风置换。

5）安全联锁装置检测。

2. 消除点火能源

能引发事故的火源有明火、高温表面、撞击、摩擦、自燃、发热、电气火花、静电火花、化学反应热、光线照射等，消除点火能源的具体做法如下。

1）控制明火和高温表面。

2）防止摩擦和撞击产生火花。

3）火灾爆炸危险场所采用防爆电气设备避免电气火花。

3. 限制火灾、爆炸蔓延扩散的措施

限制火灾、爆炸蔓延扩散的措施包括阻火装置、阻火设施、防爆泄压装置及防火防爆分隔等。

四、毒气泄漏的避险与逃生

化学品毒气泄漏的特点是发生突然、扩散迅速、持续时间长、涉及面广。一旦出现泄漏事故，往往引起人们的恐慌，处理不当会产生严重的后果。因此，发生毒气泄漏事故后，如果现场人员无法控制泄漏，则应迅速报警并选择安全方法逃生。不同化学物质以及在不同情况下出现泄漏事故，其自救与逃生的方法有很大的差异。若逃生方法选择不当，不仅不能安全逃出，反而会使自己受到更严重的伤害。

（一）安全撤离事故现场

（1）在发生毒气泄漏事故时，现场人员不可恐慌，按照平时应急预案的演习步骤，各司其职，井然有序地撤离。

（2）从毒气泄漏现场逃生时，要抓紧宝贵的时间，任何贻误时机的行为都有可能给现场人员带来灾难性的后果。因此，当现场人员确认无法控制泄漏时，必须选择正确的逃生方法，快速撤离现场。

（3）逃生要根据泄漏物质的特性，佩戴相应的个体防护用具。如果现场没有防护用具或者防护用具数量不足，也可应急使用湿毛巾或衣物捂住口鼻进行逃生。

（4）沉着冷静确定风向，然后根据毒气泄漏源位置，向上风向或沿侧风向转移撤离，也就

是逆风逃生。另外，根据泄漏物质的比重，选择沿高处或低洼处逃生，但切忌在泄漏物质浓度高的地方滞留。

（5）如果事故现场已有救护消防人员或专人引导，逃生时要服从他们的指引和安排。

（二）提高自救与逃生能力

在毒气泄漏事故发生时能够顺利逃生，除了在现场能够临危不惧，采取有效的自救逃生方法外，还要靠平时对有毒有害化学品知识的掌握和防护、自救能力的提高。因此，接触危险化学品的职工，应了解本企业、本班组各种化学危险品的危害，熟悉厂区建筑物、设备、道路等，必要时能以最快的速度报警或选择正确的方法逃生。同时，企业应向职工提供必要的设备、培训等条件，通过对职工的安全教育和培训，使他们能够正确识别化学品安全标签，了解有毒化学品安全使用程序和注意事项，以及所接触化学品对人体的危害和防护急救措施。企业还应制定和完善毒气泄漏事故应急预案，并定期组织演练，让每一个职工都了解应急方案，掌握自救的基本要领和逃生的正确方法，提高职工对毒气泄漏事故的应变能力，做到遇灾不慌、临阵不乱、正确判断和处理。

另外，根据国家有关法律法规，有毒气泄漏可能的企业，应该在厂区最高处安装风向标。在发生泄漏事故后，风向标可以正确指导有关人员根据风向及泄漏源位置，及时往上风向或侧风向逃生。企业还应保证每个作业场所至少有两个紧急出口，出口和通道要畅通无阻并有明显标志。

想一想，论一论

案例 4-3 和案例 4-4 中的危险化学品各是什么？它们有哪些特殊性质和用途？从两个案例中你可以吸取哪些经验？可以受到哪些启发？

五、中毒窒息的救护

一氧化碳、二氧化氮、二氧化硫、硫化氢等超过允许浓度时，均能使人吸入后中毒。在发生中毒窒息事故后，救援人员千万不要贸然进入现场施救，首先要做好预防工作，避免成为新的受害者。具体可按照下列方法进行抢救。

1. 通风

加强全面通风或局部通风，用大量新鲜空气对中毒区的有毒有害气体浓度进行稀释冲淡，待有害气体降到允许浓度时，方可进入现场抢救。

2. 做好防护工作

救护人员在进入危险区域前必须戴好防毒面具、自救器等防护用品，必要时也应给中毒者戴上，迅速将中毒者从危险的环境转移到一个安全的、通风的地方；如果需要从一个有限的空

间，如深坑或地下某个场所进行救援工作，应发出报警以求帮助，在单独进入危险区域帮助某人时，可能导致两个人都受伤；如果伤员失去知觉，可将其放在毛毯上提拉，或抓住衣服，头朝前转移出去。

3. 进行有效救治

如果是一氧化碳中毒，中毒者还没有停止呼吸，则脱去中毒者被污染的衣服，松开领口、腰带，使中毒者能够顺畅地呼吸新鲜空气，也可让中毒者闻氨水解毒；如果呼吸已停止但心脏还在跳动，则立即进行人工呼吸，同时针刺人中穴；若心脏跳动也停止，应迅速进行心脏胸外按压，同时进行人工呼吸。

对于硫化氢中毒者，在进行人工呼吸之前，要用浸透食盐溶液的棉花或手帕盖住中毒者的口鼻。

如果是瓦斯或二氧化碳窒息，在情况不太严重时，可把窒息者移到空气新鲜的场所稍作休息；若窒息时间较长，就要进行人工呼吸抢救。

如果毒物污染了眼部、皮肤，应立即用水冲洗；对于口服毒物的中毒者，应设法催吐，简单有效的办法是用手指刺激舌根；对腐蚀性毒物可口服牛奶、蛋清、植物油等进行解毒。

在救护中，抢救人员一定要沉着，动作要迅速。任何处于昏睡或不清醒状态的中毒人员必须尽快被送往医院进行诊治，如有必要，还应有一位能随时给病人进行人工呼吸的救护人员同行。

习 题

一、名词解释
1. 爆炸下限　2. 爆炸上限　3. 自热燃烧　4. 受热自燃

二、简答
1. 危险化学品事故的预防控制措施有哪些？
2. 当发生毒气泄漏时，如何避险与逃生？

复习题

1. 火灾与爆炸事故的特点及其破坏作用有哪些？
2. 灭火有哪些基本方法？
3. 当发生火灾时，如何避险逃生？
4. 预防火灾、爆炸事故有哪些基本措施？
5. 当毒气泄漏时，如何避险与逃生？
6. 假设你是某化工厂的一名员工，你的同事中毒窒息，你将采取什么救护措施？

拓展阅读：
爆炸安全与防火防爆

第五章 职业安全技术

本章学习要点

- 了解电气事故的分类、产生原因。
- 掌握用电安全的基本要素。
- 掌握电气设备安全技术要求。
- 掌握触电的救护方法。
- 掌握机械加工技术安全操作规程。
- 掌握机械性创伤的救护。
- 了解炼铁生产主要的安全技术。
- 掌握炼钢生产中容易发生的事故及防范措施。
- 掌握轧钢生产中原料、加热及冷轧生产的安全技术。

第一节　电气安全防护技术

案例 5-1　某电子信息公司分公司高压配电室断电后，高压运行工段早上组织相关人员进入现场对 PT 柜（联络柜）进行清灰处理，当工作到上午 11:20 时，还剩下两个 PT 柜子未清理，准备 12:20 吃完午饭，继续清理最后两个 PT 柜。工段长张某断开 PT 柜一电路后打开柜门，告诉其他人他去断下一电路，这时监护人员李某按要求去拿验电笔，可工作人员沈某在未确认 PT 柜是否有电时，钻进了配电柜，造成了人员触电事故的发生。有关人员及时组织了抢救，并通知 120 急救中心赶来救治，但沈某仍于当日因抢救无效死亡。

案例 5-2　某化工厂韩某与其他 3 名工人从事化工产品的包装作业。班长让韩某去取塑料编织袋，韩某回来时一脚踏上盘在地上的电缆线，触电摔倒。在场的其他工人急忙拽断电缆线，拉下闸刀，一边抢救，一边报告领导，并打 120 急救电话。待急救车赶到、开始抢救时，韩某出现昏迷、呼吸困难、脸及嘴唇发紫、血压忽高忽低等症状。现场抢救 20 分钟，待韩某稍有好转后送去医院继续抢救。韩某住院特护 12 天，一般护理 3 天后病情稳定出院。

安全微课：职工用电安全

一、电气事故的分类

电气事故的分类方式有多种。

按发生灾害的形式划分，电气事故可以分为人身事故、设备事故、电气火灾、爆炸事故等。

按发生事故时的电路状况划分，电气事故可以分为短路事故、断线事故、接地事故、漏电事故等。

按事故严重程度划分，电气事故可以分为特大事故、重大事故和一般事故。

（1）特大事故是指造成三人及三人以上死亡；大面积停电，造成严重减负荷；重大电气设备或生产厂房严重损坏，造成火灾事故损失超过 30 万元；造成其他用户停电，产生严重政治影响和经济损失。

（2）重大事故是指造成一至二人死亡或三人及三人以上重伤；大面积停电，造成减负荷；主要电气设备损坏，由于停电造成较严重的政治影响和经济损失。

安全标语 ▶ 检修设备要挂牌，停电以后再接线。

（3）一般事故是指除特大事故和重大事故外的其他事故。

按发生事故的基本原因划分，电气事故可以分为触电事故、静电事故、雷电灾害、射频辐射危害、电路故障。

（1）触电事故。触电是指人体触及带电体，带电体与人体之间闪击放电或电弧波及人体，电流通过人体经大地或与其他导体构成回路，对人体造成的伤害。触电对人体的伤害可分为电击和电伤。触电事故往往突然发生，在极短时间内造成严重后果。

通常所说的触电指的是电击。电击分为直接接触电击和间接接触电击。电击是最危险的触电伤害，大部分触电死亡事故都是由电击所致的。

电伤分为电弧烧伤、电流灼伤、皮肤金属化、电烙印、机械性损伤、电光眼等伤害。电弧烧伤是由弧光放电造成的烧伤，是最危险的电伤。电弧温度高达8000℃，可造成大面积、大深度的烧伤，甚至烧焦、烧毁四肢及其他部位。

（2）静电事故。静电是指生产工艺过程中和工作人员操作过程中，由于某些材料的相对运动、接触与分离等原因而积累起来的相对静止的正电荷和负电荷。这些电荷周围的场中储存的能量不大，不会直接使人致命。但是，静电电压可能高达数万乃至数十万伏，可能在现场发生放电，产生静电火花。在火灾和爆炸易发生的危险场所，静电火花是一个十分危险的因素。

（3）雷电灾害。雷电是大气电，是由大自然的力量分离和积累的电荷，也是在局部范围内暂时失去平衡的正电荷和负电荷。雷电放电具有电流大、电压高等特点，其能量释放出来可能产生极大的破坏力。雷击除可能毁坏设施和设备外，还可能直接伤及人、畜，引起火灾和爆炸。

（4）射频辐射危害。射频辐射伤害即电磁场伤害。人体在高频电磁场作用下吸收辐射能量，会使人的中枢神经系统、心血管系统等部件受到不同程度的伤害，从而引起各种疾病。除高频电磁场外，超高压的高强度工频电磁场也会对人体造成一定的伤害。

（5）电路故障。电路故障是电能在传递、分配、转换过程中由于失去控制而造成的。断线、短路、接地、漏电、误合闸、误掉闸、电气设备或电气元件损坏等都属于电路故障。线路和设备故障不但威胁人身安全，而且会严重损坏电气设备。

二、电气事故原因分析

在电气事故的调查统计中，对事故原因进行统计分类，可以有针对性地制定反事故措施。常见的电气事故分类如下：

1. 误操作事故
误操作事故是指操作人员违反规程操作或操作失误造成的事故。

2. 设备维修不善事故
设备维修不善事故是指由于操作人员的过失或管理制度不严，造成设备维修不善而引起的事故。

3．设备制造不良或选择不当事故

设备制造不良或选择不当事故是指由于电气设备选择不当或设备有先天缺陷而造成的事故，如选用的设备不能胜任所担负的负载或与使用环境不符，产品质量不合格，选用了已淘汰的产品或有工艺缺陷的产品等。

4．外力破坏事故

外力对电气设备的破坏，有自然因素和人为因素两种。自然因素，如雷电、飓风、大雾等自然气候引起的事故；人为因素，如汽车撞断电杆、建筑物倒塌砸毁线路等事故。此外，在操作维修时，措施不当造成的事故也属于这类事故。

三、用电安全的基本要素

1．电气绝缘

保持电气设备和供配电线路的绝缘良好状态，是保证人身安全和电气设备无事故运行的基本要素。电气绝缘性能可以通过测定其绝缘电阻、耐压强度、泄漏电流和介质损耗等参数加以衡量。

2．安全距离

电气安全距离是指人体、物体等接近带电体而不发生危险的安全可靠距离，如带电体与地面之间、带电体与带电体之间、带电体与人体之间、带电体与其他设施和设备之间，均应保持一定的距离。通常，在配电线路和变电、配电装置附近工作时，应考虑线路安全距离，变电、配电装置安全距离，检修安全距离和操作安全距离等。

3．安全载流量

导体的安全载流量是指允许持续通过导体内部的电流量，也称安全电流。持续通过导体的电流如果超过安全载流量，导体的发热将超过允许值，导致绝缘损坏，甚至引起漏电和发生火灾。因此，根据导体的安全载流量确定导体截面和选择设备是十分重要的。

4．标志

明显、准确、统一的标志是保证用电安全的重要因素。在容易产生触电危险和其他易发事故危险之处，在容易产生混淆、发生错误之处，都必须有明显的安全警示标志，以便于识别，引起警惕，防止事故的发生。标志可分为识别性、警惕性两大类，分别采用文字、图形、符号、安全颜色等手段显示。

用文字、图形、符号、安全颜色做成的标志牌叫安全标志牌，是标志的主要形式。安全标志牌分为禁止、允许、警告三类，如"禁止合闸""从此上下""危险止步"等。

不同的颜色表示的安全提示意义如下。

红色：表示禁止、危险。

蓝色：表示提醒注意，如"注意安全""当心触电"等。

绿色：表示正常安全工作、运行。

四、电气设备安全技术要求

电气事故统计资料表明，由于电气设备的结构有缺陷，安装质量不佳，不能满足安全要求而造成的事故所占比例很大。因此，为了确保人身和设备安全，在安全技术方面对电气设备有以下要求。

1. 防止接触带电部件

常见的安全措施有绝缘、屏护和安全间距。

绝缘，即用不导电的绝缘材料把带电体封闭起来，这是防止直接触电的基本保护措施。瓷、玻璃、云母、橡胶、木材、胶木、塑料、布、纸和矿物油等都是常用的绝缘材料。

 注意：很多绝缘材料受潮后会丧失绝缘性能或在强电场作用下会遭到破坏，丧失绝缘性能。

屏护，即采用遮拦、护罩、护盖、箱闸等把带电体同外界隔离开来。电器开关的可动部分一般不能使用绝缘，而需要屏护。高压设备无论是否有绝缘，均应采取屏护。

间距，即为防止身体触及或接近带电体，防止车辆等物体碰撞或过分接近带电体，在带电体与带电体，带电体与地面，带电体与其他设备、设施之间，应保持一定的安全距离。

2. 防止电气设备漏电伤人

保护接地和保护接零，是防止间接触电的基本技术措施。

保护接地，即将正常运行的电气设备不带电的金属部分和大地紧密连接起来。由于绝缘破坏或其他原因而可能呈现危险电压的金属部分，都应采取保护接地措施。例如，电动机、变压器、开关设备、照明器具及其他电气设备的金属外壳都应接地。在一般低压系统中，保护接地电阻值应小于4Ω。

保护接零，即把用电设备在正常情况下不带电的金属外壳与电网中的零线紧密连接起来。应当注意的是，在三相四线制的电力系统中，通常是把电气设备的金属外壳同时接地、接零，这就是所谓的重复接地保护措施，但还应该注意，零线回路中不允许装设熔断器和开关。

3. 采用特低电压限值

根据生产和作业场所的特点，采用相应的特低电压限值，是防止发生触电伤亡事故的根本性措施。国家标准《特低电压（ELV）限值（GB 3805—2008）》规定了电压等级的限值，用以指导人体在正常和故障两种状态下使用各种电气设备，并处于各种环境状态下，可触及导电零件的电压限值。在实际生产中，应根据作业场所、操作人员条件、使用方式、供电方式、线路状况等因素选用。

4. 自动断电装置

自动断电装置是指采用漏电保护器（也称触电保安器）、漏电保护开关的装置，它在低压电

网中发生电气设备及线路漏电或触电时，可以立即发出报警信号并迅速自动切断电源，从而保护人身安全。

5. 合理使用防护用具

在电气作业中，合理匹配和使用绝缘防护用具，对防止触电事故，保障操作人员在生产过程中的安全健康具有重要意义。绝缘防护用具可分为两类：一类是基本安全防护用具，如绝缘棒、绝缘钳、高压验电笔等；另一类是辅助安全防护用具，如绝缘手套、绝缘（靴）鞋、橡皮垫、绝缘台等。

6. 安全用电组织措施

在防止触电事故方面，技术措施十分重要，组织管理措施也必不可少，其中包括制定安全用电措施计划和规章制度，进行安全用电检查、教育和培训，组织事故分析，建立安全资料档案等。

五、设备检修时的用电安全

在设备检修工作中，有时需要不停电检修设备或部分停电检修设备。在一般企业中，不停电检修设备是指在带电设备附近或外壳上进行的检修；在电业部门，不停电检修设备是指直接在不停电的带电体上进行的工作，如用绝缘杆工作、等电位工作、带电水冲洗等。不停电检修设备必须严格执行监护制度；必须保证足够的安全距离，而且带电部分只能位于检修人员的一侧；不停电检修工作时间不宜太长，以免检修人员注意力分散从而发生事故。在检修前，检修人员应明确检修项目、防护措施、安全注意事项等。

（一）检修中的用电安全

1. 停电

在检修工作中，当人体与带电设备的距离较小时，如人体与10kV设备的距离小于0.35m，与20kV～35kV设备的距离小于0.6m，该设备应当停电；如果距离大于上述数值，但分别小于0.7m和1m，应设置遮拦，否则也应停电。在停电时，应注意把所有能够给检修部分送电的线路全部切断，并采取防止误合闸的措施，而且每处至少要有一个明显的断开点。对于多回路的线路，要注意防止其他方面突然来电，特别要注意防止低压方面的反送电。

2. 放电

放电的目的是消除被检修设备上残存的静电。放电应采用专用的导线，用绝缘棒或开关操作，人手不得与放电导体相接触。应注意线与地之间、线与线之间均匀放电。电容器和电缆的残存电荷较多，最好有专门的放电设备。

3. 验电

对已停电的线路或设备，无论其正常接入的电压表或其他信号是否指示无电，均应进行验电。在验电时，应按电压等级选用相应的验电器。

4.装设临时接地线

为了防止意外送电和二次系统意外的反送电，以及为了消除其他方面的感应电，应在被检修设备的外壳装设必要的临时接地线。临时接地线的装拆一定要按顺序进行，装时先接接地端，拆时后拆接地端。

5.装设遮拦

在部分停电检修时，应将带电部分遮拦起来，使检修工作人员与带电导体之间保持一定的距离。

6.悬挂标示牌

标示牌的作用是提醒人们注意。例如，在一经合闸即可送电到被检修设备的开关上，应挂上"有人工作，禁止合闸"的标示牌；在临近带电部位的遮拦上，应挂上"止步，高压危险"的标示牌等。

想一想，论一论

在案例 5-1 中，假如你是负责人，应该怎样做才能防止事故的发生？

（二）检修终结后的送电安全

在检修工作终结、送电前，应按以下顺序进行检查。

（1）对设备进行检查，分别要核对断路器、隔离开关的分合位置是否符合工作票规定的位置。核对无误后，在工作票上签字，宣布工作终结。

（2）检查设备内、线路上及工作现场中的工具和材料，不应有遗漏。

（3）在检修线路工作终结时，应检查弓子线的相序及断路器、隔离开关的分合位置是否符合工作票规定的位置。

（4）拆除临时遮拦、标示牌，恢复永久遮拦、标示牌。

（5）拆除临时接地线，所拆的接地线组数应与挂接的接地线组数相同，接地隔离开关的分合位置应与工作票的规定相符。

（6）在送电后，作业人员应检查电气设备的运行情况，正常后方可离开现场，做到万无一失。

六、触电的救护

人体触电后，比较严重的情况是心跳停止、呼吸中断、失去知觉等，从外观上呈现出死亡的症状，但由于电流对人体作用的能量较小，没有对内脏器官造成严重的器质性损害，这时人

不是真正死亡，是一种"假死"状态。这一部分人"死"而复生的关键在于实施正确的现场急救。有资料表明，触电后 3 分钟内开始救治者，90% 有良好的效果；触电后 6 分钟内开始救治者，50% 可能复苏成功；触电后大于 12 分钟才开始救治，救活的可能性很小。

（一）现场救护原则

发生了触电事故，首先不要惊慌失措，应该采取以下基础急救措施。

（1）迅速切断电源，关闭电闸，或用干木棍、竹竿等不导电物体将电线挑开。在电源不明时，切忌直接用手接触触电人员，以免自己也成为带电体，从而遭受电击。

（2）在浴室或潮湿的地方，救护人员要穿绝缘胶鞋、戴胶皮手套或站在干燥木板上以保护自身安全。

（3）呼吸、心跳停止者，应立即进行心脏除颤、心肺复苏。不要轻易放弃，一般应进行半小时以上。

（4）紧急呼救，向医疗急救部门呼救。

（5）持续在现场进行心肺复苏救护，直到专业医务人员到达现场。

（6）烧伤伤员急救应就地取材进行创面的简易包扎，再送医院抢救。

（二）解救触电人脱离电源的方法

触电急救的第一步是使触电人员迅速脱离电源，因为电流对人体的作用时间越长，对生命的威胁就越大，具体方法如下。

1. 脱离低压电源的方法

脱离低压电源的方法可用"拉""切""挑""拽""垫" 5 个字来概括。

（1）拉：在附近有电源开关或插座时，应立即拉下开关或拔下电源插头。

（2）切：若一时找不到断开电源的开关时，可用带有绝缘棒的利器切断电源线，切断时应防止带电导线断落触及周围的人；多芯绞合线应分相切断，以防短路伤人。

（3）挑：如果导线掉落在触电人员身上或压在身下，这时可用干燥的木棒、竹竿等挑开导线，使触电人员脱离电源。

（4）拽：救护人员可戴上手套或在手上包缠干燥的衣服等绝缘物品拖拽触电人员，使之脱离电源，如果触电人员的衣裤是干燥的，又没有紧缠在身上，救护人员可直接用一只手抓住触电人员不贴身的衣裤，将其脱离电源，但要注意拖拽时切勿触及触电人员的皮肤，也可站在干燥的木板、橡胶垫等绝缘物品上，用一只手将触电人员拖拽开来。

（5）垫：如果触电人员由于痉挛、手指紧握导线，或导线缠绕在身上，可先用干燥的木板塞进触电人员身下，使其与地绝缘，然后再采取其他办法把电源切断。

2. 脱离高压电源的方法

由于电压等级高，一般绝缘物品不能保证救护人员的安全，而且高压电源开关距离现场很远，不便拉闸，因此脱离高压电源与脱离低压电源的方法有所不同。

（1）立即电话通知有关供电部门拉闸停电。

（2）如果电源开关离触电人员不太远，则可以戴上绝缘手套，穿上绝缘靴，拉开高压断路器，或者用绝缘棒拉开高压跌落熔断器以切断电源。

（3）如果触电发生在架空的线杆上，往架空的线路上抛挂裸金属导线，人为造成线路短路，迫使继电保护装置动作，从而使电源开关跳闸。

（4）如果触电人员触及断落在地上的带电高压导线，且尚未确认线路无电之前，救护人员不可以进入断线落地点 8～10m 的范围，以防止跨步电压触电。进入该范围的救护人员应穿上绝缘靴或临时双脚并拢跳跃以接近触电人员，触电人员脱离带电导线后，应迅速将其带至 10m 以外，立即开始触电急救。

3. 使触电人员脱离电源的注意事项

（1）救护人员不得采用金属或者其他潮湿物品作为救护工具。

（2）未采取措施以前，救护人员不得直接触及触电人员的皮肤和潮湿的衣物。

（3）在拉拽触电人员脱离电源的过程中，救护人员宜用单手操作，这样比较安全。

（4）当触电人员位于高处时，应采取措施预防触电人员在脱离电源后坠地摔伤（死）。

（5）在夜间发生触电事故时，应考虑切断电源后的临时照明问题，以利救护。

（三）合理确定施救方法

触电人员脱离电源后，应立即就地抢救。关键是"判断情况与对症救护"，同时派人通知医务人员到现场。

（1）触电人员神志清醒，但心慌、四肢麻木、全身无力，或者在触电过程中曾出现昏迷，但已清醒，应使其安静休息，不要走动，严密观察，并请医生前来诊治或送往医院。

（2）触电人员已失去知觉，但有呼吸和心跳，应将其放置在空气流通处仰面平躺，解开腰带、衣扣以利呼吸。用 5s 时间呼叫触电人员或轻拍其肩部，以判定触电人员是否丧失意识，禁止摇动触电人员头部呼叫。如果天气寒冷应注意保温，同时迅速请医生到现场诊治。

（3）触电人员已失去知觉，且呼吸困难，应立即在现场进行人工呼吸急救。

（4）触电人员呼吸或心跳完全停止，应立即在现场进行人工呼吸和心脏按压，促进心肺功能的恢复。

（5）呼吸、心跳情况的判定。触电人员如果意识丧失，应在 10s 内用看、听、试的方法，判定其呼吸和心跳情况。

看：看触电人员的胸部、上腹部有无呼吸起伏动作。

听：用耳贴近触电人员的口鼻处，听有无呼气声音。

试：测试口鼻有无呼气的气流，再用两手指轻试一侧（左或右）喉结旁凹陷处的颈动脉有无搏动。

若采用看、听、试等方法发现触电人员既无呼吸又无颈动脉搏动，可判定触电人员呼吸和心跳停止。

（四）心肺复苏法

当心跳和呼吸骤停后，呼吸循环停止。在呼吸循环停止 4~6min，脑组织即可发生不易逆转的损伤；心跳停止 10min 后，脑细胞基本死亡。所以必须争分夺秒，采用心肺复苏法（人工呼吸和胸外心脏按压）进行现场急救。

1. 人工呼吸的操作方法

当呼吸停止、心脏仍然跳动或刚停止跳动时，用人工方法使空气进出肺部，供给人体组织所需要的氧气，称为人工呼吸法。采用人工方法来代替肺的呼吸活动，可及时而有效地使气体有节律地进入和排出肺部，维持通气功能，促使呼吸中枢尽早恢复功能，使处于"假死"的伤员尽快脱离缺氧状态，恢复人体自主呼吸。因此，人工呼吸是复苏伤员的一种重要的急救措施。

人工呼吸法主要有两种（见图5-1），一种是口对口人工呼吸法，即让伤员仰面平躺，救护者跪在伤员一侧，一手将伤员下颌合上并向后托起，使伤员头部尽量后仰，以保持呼吸道畅通，另一手捏紧伤员的鼻孔（避免漏气），并将手掌外缘压住额部，深吸一口气后，对准伤员的口，用力将气吹入，同时仔细观察伤员的胸部是否扩张隆起，以确定吹气是否有效和吹气是否适度。当伤员的前胸壁扩张后，停止吹气，立即放松捏鼻子的手，并迅速移开紧贴的口，让伤员胸廓自行弹回呼出空气。此时，注意胸部复原情况，倾听呼气声，如吹气时伤员胸部上举，吹气停止后伤员口鼻有气流呼出，表示有效。重复上述动作，并保持一定的节奏，每分钟做 16~20 次，直至伤员自主呼吸为止。

图5-1　人工呼吸法

另一种是口对鼻吹气法。如果伤员牙关紧闭不能撬开或口腔严重受伤，可用口对鼻吹气法。

2. 心脏按压的操作方法

若感觉不到伤员脉搏，说明心跳已经停止，需立即进行心脏按压。具体做法是：让伤员仰卧在地上，头部偏后仰；抢救者跪在伤员身旁或跨跪在伤员腰的两旁，用一手掌根部放在伤员胸骨下 1/3~1/2 处，另一手重叠于前一手的手背上；两肘伸直，借助自身体重和臂、肩部肌肉的力量，急促向下压迫胸骨，使其下陷 3~4cm；按压后迅速放松（注意掌根不能离开胸壁），

 　　急救演练，保卫生命。

依靠胸廓的弹性，使胸骨复位。此时，心脏舒张，大静脉的血液就回流到心脏。反复有节律地进行按压和放松，每分钟 60~80 次。在按压的同时，要随时观察伤员的情况。如果能摸到颈动脉和股动脉等搏动，而且瞳孔逐渐缩小，面有红润，说明心脏按压已有效，即可停止。

3. 在进行心肺复苏时要注意的事项

（1）在实施人工呼吸前，要解开伤员的领扣、领带、腰带及紧身衣服，必要时可用剪刀剪开，不可强撕强扯。清除伤员口腔内的异物，如黏液、血块等；如果舌头后缩，应将舌头拉出口外，以防堵塞喉咙，妨碍呼吸。

（2）口对口吹气的压力要掌握好，开始可略大些，频率也可稍快些，经过一二十次人工吹气后逐渐降低压力，只要维持胸部轻度升起即可。

（3）在进行心脏按压抢救时，抢救者掌握的定位必须准确，用力要垂直适当，要有节奏地反复进行。防止因用力过猛而造成继发性组织器官的损伤或肋骨骨折。

（4）按压频率要控制好，有时为了提高效果，可加大频率，达到每分钟 100 次左右。抢救工作要持续进行，除非断定伤员已复苏，否则在伤员没有送达医院之前，抢救不能停止。

一般来说，心脏跳动和呼吸过程是相互联系的，心脏跳动停止了，呼吸也将停止；呼吸停止了，心脏跳动也持续不了多久。因此，通常在做心脏按压的同时，进行口对口人工呼吸，以保证氧气的供给，如图 5-2 所示。一般每吹气一次，按压胸骨 3~4 次；如果现场仅一人实施抢救，两种方法应交替进行：每吹气 2~3 次，就挤压 10~15 次，也可将频率适当提高一些，以保证抢救效果。

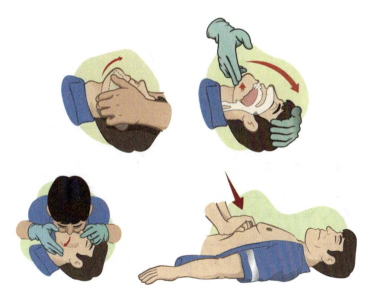

图 5-2　进行心脏按压和人工呼吸

（五）外伤救护

在触电事故发生时，触电人常会出现各种外伤，如皮肤创伤、渗血与出血、摔伤、电灼伤

等。外伤救护的一般方法如下。

（1）一般性的外伤创面：先用无菌生理盐水或清洁的温开水清洗，再用消毒纱布或干净的布包扎，然后将伤员送往医院。

（2）伤口大面积出血：立即用清洁手指压迫出血点上方，也可用止血橡皮带使血流中断，同时将出血肢体抬高或高举，以减少出血量，并迅速送医院救治。如果伤口出血不严重，可用消毒纱布或干净的布料叠几层，盖在伤口处压紧止血。

（3）高压触电造成的电弧灼伤，往往深达骨骼，处理十分复杂。现场可先用无菌生理盐水冲洗，再用酒精涂擦，然后用消毒被单或干净布片包好，速送医院处理。

（4）对于因触电摔跌而骨折的触电人，应先止血、包扎，然后用木板、竹竿、木棍等物品将骨折肢体临时固定，速送医院处理。在发生腰椎骨折时，应将伤员平卧在硬木板上，并将腰椎躯干及两侧下肢一并固定以防瘫痪，在搬动时要数人合作，保持平稳，不能扭曲。

（5）出现颅脑外伤：应使伤员采取平卧位并保持气道通畅，若有呕吐，应扶好头部和身体，使之同时侧转，防止呕吐物造成窒息。当耳鼻有液体流出时，不要用棉花堵塞，只可轻轻拭去，以利降低颅内压力，也不可用力排除鼻内液体，或将液体再吸入鼻内。

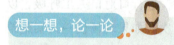想一想，论一论

在案例 5-2 中，对触电者应采取哪些急救措施使其脱离危险？这对我们有何启示？

习　题

一、填空题

1. 电气事故按事故产生的原因可分为＿＿＿＿＿、＿＿＿＿＿、＿＿＿＿＿、＿＿＿＿＿、＿＿＿＿＿五大类。

2. 保证用电安全的基本要素有＿＿＿＿、＿＿＿＿、＿＿＿＿、＿＿＿＿。

3. 安全标志分为＿＿＿＿、＿＿＿＿＿、＿＿＿＿＿三类。

4. 一般低压系统中，保护接地电阻值应小于＿＿＿＿＿Ω。

5. 心肺复苏包括＿＿＿＿＿＿＿、＿＿＿＿＿＿。

6. 心脏按压每分钟做＿＿＿＿次，口对口人工呼吸每分钟做＿＿＿＿次。

二、简答题

1. 说明安全距离、安全电流的含义。

2. 说明保护接地、保护接零的含义。

3. 产生电气事故的原因有哪些？

4. 电气事故的安全技术应满足哪些要求？

第二节　机械安全技术

某煤机厂职工小吴正在摇臂钻床上进行钻孔作业。在测量零件时，小吴没有关停钻床，只是把摇臂推到一边，就用戴手套的手去搬动工件。这时，飞速旋转的钻头猛地绞住了小吴的手套，强大的力量拽着小吴的手臂往钻头上缠绕。小吴一边喊叫，一边拼命挣扎，等其他工友听到呼救关掉钻床时，小吴的手套、工作服已被撕烂，右手小拇指也被绞断。

某村陈某开办某个体无照工厂，生产制鞋刀模。该非法工厂雇用员工6名，年加工额10多万元，主要设备有风割设备2套，双轮砂轮机3台。某日，砂轮机操作工尚某把旧砂轮换下后将新砂轮换上，开机后不到2min，"嘭"的一声，砂轮崩裂成三块飞出，其中一块砸到尚某的头部，尚某当场倒地，鼻孔出血。工厂内在场职工迅速将他抬出门外，叫来120救护车送往医院抢救，终因伤势过重，抢救无效死亡。

安全微课：
警惕机械伤害

一、机械加工技术安全操作规程的共同纲领

操作者必须全面了解所使用设备的构造、性能及维护保养方法。开动设备前应进行巡回检查和润滑。启动设备后，必须慢一点，空运转，声、温正常再操作。设备运转中，禁止与他人闲谈或打闹。严禁擅离岗位，在必须离开时，停车后才可离开岗位。变速须停车（无级变速例外），测量放空档，换挂轮要关闭电源；导轨面严禁摆放工夹量具。保护好安全装置（如防护罩、挡板、限位开关等），不得随意拆除或敲打，机床踏脚板要完整。操作者应穿戴好一切防护用品，女同志要戴工作帽，在高速切削时需要戴防护眼镜，必要时应加挡板。不许隔着运转物传递物体，不能用手触摸转动部分及直接用手清除铁屑。操作机床严禁戴手套。零件要紧固，装夹较重工夹具时，需要加平衡铁。合理选用切削量，严禁超负荷、超规格切削。在多人操作时，一人指挥，动作协调一致。要经常保持设备及周围环境卫生，物体摆放规格化。在下班时，应将各手柄放在空挡位置，切断电源，认真做好交接班工作。下面以车削加工安全技术为例做简要介绍。

车削加工是机器制造行业中使用广泛的一种加工方式。车床的数量大、加工范围广、操作

人员多，使用的工具、夹具繁杂，因此车削加工的安全技术问题就显得特别重要。

1. 切屑的伤害及防护措施

车床上加工的各种钢制零部件韧性较好，在车削时所产生的切屑具有塑性，呈卷曲状，边缘比较锋利。在高速切削钢件时会产生红热的、很长的切屑，极易伤人。这些切屑还会经常缠绕在工件、车刀及刀架上，所以操作中经常需要用铁钩及时清理或拉断，必要时应停车清除，但绝对不允许用手去清除或拉断钢屑。为防止切屑伤害，常采取断屑、控制切屑流向等措施，在车刀上磨出断屑槽或台阶。此外，可加设各种防护挡板，防止切屑飞出伤人。

2. 工件的装夹

在车削加工过程中，因工件装夹不当而发生损坏机床、折断或撞坏刀具以及工件掉下、飞出伤人的事故较多。所以，为确保车削加工的安全，在装夹工件时必须格外注意。对大小、形状各异的零件要选用合适的夹具，自定心卡盘、单动卡盘或专用夹具与主轴的连接必须稳固可靠。要保证工件夹正、夹紧，大工件夹紧可用套管，保证工件高速旋转及切削受力时不移位、不脱落和不甩出。在必要时，可用顶尖、中心架等增强牢固性。工件夹紧后要立即取下扳手。

3. 安全操作要求

在操作过程中，应遵循如下安全要求。

（1）在工作前，全面检查机床，确认状态良好后方可使用。

（2）在装夹工件及刀具时，要保证位置正确、牢固可靠。在加工过程中，更换刀具、装卸工件及测量工件时，必须停车。工件在旋转时不得用手触摸或用棉丝擦拭。

（3）在使用车刀时，要将车刀移到安全位置，右手在前，左手在后，防止衣袖卷入。

（4）要适当选择切削速度、进给量和切削深度，不许超负荷加工。

（5）床头、刀架及床面上不得放置工件、夹具及其他杂物。

（6）机床要有专人负责使用和保养，其他人员不得动用。

由案例5-3和案例5-4可以看出：违反操作规程造成了哪些危害？你受到了何种启示？

二、冲压加工安全技术

冲压加工工序简单、速度快、生产效率高，属于直线往复运动。由于操作简单、频繁、连续重复作业，易引起操作者心理疲劳，并产生误动作，如放料不准、模具移位等，从而造成冲断手指等伤害事故。

为避免由于操作失误而造成冲压伤害事故，在冲压作业中，特别是在供料、下料的手工操作中，操作人员要精力集中，与设备协调配合。此外，要按规定装设必要的安全防护装置。冲床安全防护装置是保障操作安全的重要措施，常用的有光电式安全防护装置和机械式安全防护装置。操作人员在冲压作业前应对安全装置进行认真检查，对其灵敏度、可靠性等逐一落实，确认安全防护装置处于良好状态后，方可进行冲压工作。对应使用安全防护装置而未使用的，除给予批评教育外，还应按严重违章给予处理。

冲床设备的操作人员还要做好冲床安全装置的维修保养工作，不得随意拆卸或移动零件，如发现安全装置有零件丢失等现象时，应及时报告。

使用冲压设备的安全注意事项如下。

(1) 每完成一次冲压后，手或脚必须离开按钮或踏板，以防误动作。

(2) 在使用单次行程操作时，设备应在一次冲压后即分离，而滑块必须停在死点位置。

(3) 不要把两个坯料放在冲模上，这样有可能损坏设备，也可能发生人身事故。

(4) 设备在运转中，不准进行擦拭或其他清洁工作。

(5) 在发现非正常情况时，应采取恰当的应急措施。有机械设备的场所，必须做到"有轴必有套、有轮必有罩、有台必有栏、有洞必有盖"。

三、机械传动的防护

各种机床常用的传动机构有：齿轮传动机构、带传动机构、丝杠螺母传动机构及联轴器等。所有这些机构都是高速运动的旋转体，人体某部分被绞进去后都会造成不同程度的伤害，所以必须把传动机构的危险部分安装上可靠的防护装置，以保证人身安全。

1. 齿轮传动的防护

在齿轮传动系统中，直齿、斜齿、锥齿及蜗杆传动中的任何一种传动形式都是很危险的。因此，绝大多数齿轮传动采用全封闭式的防护装置，如各种机床的主轴变速箱、进给变速箱等。

对于裸露在机器外部的齿轮，为避免给操作者带来伤害，必须加装上防护罩。防护罩多用铁板焊接而成，其外形应与传动装置的外形相符，安装要坚固牢靠，外形圆滑、美观、不留尖角，还要便于开关、维修及保养。

2. 带传动的防护

带传动平稳、噪声小、结构简单，可防止过载，故广泛应用于机器传动中。但由于传送带高速旋转时易产生摩擦生电及放电现象，所以不宜在易燃易爆场所内使用。带传动的主要危险部位是传送带进入带轮的地方和平带的接头处，因此，一般机器上所使用的带传动机构都要安装传送带防护罩。传送带防护罩多用薄铁板制作，装夹要牢固，防止振动脱落。在使用传送带时要注意接头夹固牢靠、松紧适宜，防止断开。

3. 联轴器的防护

联轴器上，高速旋转而又突出于轴外的盘、键、销及连接螺栓等都是危险因素，常会绞带

衣服对操作者造成伤害。为此，要使用不带突出部分的安全联轴器，或采用沉头螺钉，并在轴外加装筒形防护罩，以保证传动安全。

四、制动器安全技术

制动器安装在电动机的转轴上，用来制动电动机的运转，使其运行或起升机构能够准确可靠地停在预定的位置上，常用的有 3 种：弹簧式短行程电磁铁双闸瓦制动器，简称短冲程制动器（单相制动器）；弹簧式长行程电磁铁双闸瓦制动器，简称长冲程制动器（三相制动器）；液压推杆式双闸瓦制动器，简称推杆式制动器。

生产中制动器松不开闸，电动机运转声音发闷，如果发生这种现象，就有烧毁电动机的危险，应立即查找原因，排除故障。

电磁制动器打不开的原因有：主弹簧调得过紧，电磁铁吸力不够，从而不能松闸；短行程制动器顶杆弯曲，电磁铁在吸合时，不能产生足够的位移，制动器则不能松闸；电磁铁动、静铁心极面间距偏大，电磁铁不能很好地吸合，或者电压过低，都可能使制动器松不开；制动器铰链被卡塞，使闸瓦脱不开制动轮。

液压电磁铁的制动器，油液使用不当、油的牌号不符合技术要求、油质不良使油路堵塞，都会使制动器松不开闸。

制动器的安全使用规定如下。

（1）动力驱动的起重机，其起升、变幅、运行、旋转机构都必须装设制动器。人力驱动的起重机，其起升机构和变幅机构必须装设制动器或停止器。起升机构、变幅机构的制动器，必须是常闭式的。

（2）起升机构不宜采用重物自由下降的结构，如果用重物自由下降结构，应有可操纵的常闭式制动器。

（3）吊运炽热金属或易燃、易爆等危险品和发生事故后可能造成重大危险或损失的起升机构，每一套驱动装置都应装设两套制动器。

（4）制动器应有符合操作频度的热容量，不得出现过热现象。

（5）制动器的制动带磨擦垫片磨损后应有补偿能力。

（6）制动带摩擦垫片与制动轮的实际接触面积，不应小于理论接触面积的70%。

（7）带式制动器的制动带摩擦垫片的背衬钢带的端部与固定部分的连接，应采用铰接，不得采用螺栓连接、铆接、焊接等刚性连接形式。

（8）控制制动器的操纵部位，如踏板、操纵手柄等，应有防滑性能。

（9）正常使用的起重机，每班都应对制动器进行检查。

五、机械性创伤的救护

当工作场所发生人身伤害事故后，如果能采取正确的现场应急、逃生措施，可以大大降低死亡的可能性。因此，每个职工都应熟悉急救、逃生方法，以便在事故发生后自救及互救。机械性创伤是指因各种机械性外力作用于机体组织或器官而引起的软组织开放性损伤。

（一）伤口处置——止血法和包扎法

人体在突发事故中引起的创伤，如割伤、刺伤、物体打击和碾伤等，常伴有不同程度的软组织和血管的损伤，造成出血现象。一般来说，一个人的全身血量在4500mL左右。当出血量少时，一般不影响伤员的血压、脉搏变化；当出血量中等时，伤员就有乏力、头昏、胸闷、心悸等不适，有轻度的脉搏加快和血压轻度的降低；若出血量超过1000mL时，血压就会明显降低，肌肉抽搐，甚至神志不清，呈休克状态，若不迅速采取止血措施，就会有生命危险。

1. 常用止血方法及适用部位

常用的止血方法主要是压迫止血法、止血带止血法、加压包扎止血法和加垫屈肢止血法等。

（1）压迫止血法。这是一种常用、有效的止血方法，适用于头、颈、四肢动脉大血管出血的临时止血。当一个人负伤流血以后，只要立刻用手指或手掌用力压紧伤口附近靠近心脏一端的动脉跳动处，并把血管压紧在骨头上，就能很快达到临时止血的效果。

当头部前面出血时，可在耳前对着下颌关节点压迫颞动脉，如图5-3a所示；当头部后面出血时，应压迫枕动脉止血，压迫点在耳后乳突附近的搏动处。当颈部动脉出血时，要压迫颈总动脉，此时可用手指按住一侧颈根部，向中间的颈椎横向压迫，如图5-3b所示，但绝对禁止同时压迫两侧的颈动脉，以免引起大脑缺氧而昏迷。当上臂动脉出血时，压迫锁骨上方，胸锁乳突肌外缘，用手指向后方第一根肋骨压迫。当前臂动脉出血时，压迫肱动脉，用四个手指掐住上臂肌肉并压向臂骨。当大腿动脉出血时，压迫股动脉，压迫点在腹股沟皱纹中点搏动处，用手掌向下方的股骨面压迫。

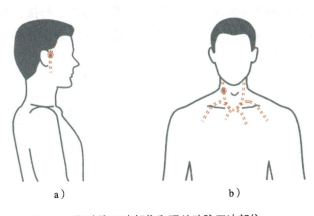

a）   b）

图5-3 颞动脉压迫部位和颈总动脉压迫部位

（2）止血带止血法。此法适用于四肢大出血。用止血带（一般用橡皮管或橡皮带）绕肢体绑扎打结固定。上肢受伤可扎在上臂上部1/3处；下肢受伤可扎于大腿的中部。若现场没有止血带，可以用纱布、毛巾、布带等环绕肢体打结，在结内穿一根短棍，转动此棍使带绞紧，直到不流血为止。在绑扎和绞止血带时，不要过紧或过松。过紧造成皮肤或神经损伤，过松则起不到止血的作用。

（3）加压包扎止血法。此法适用于小血管和毛细血管的止血。先用消毒纱布或干净毛巾敷在伤口上，再垫上棉花，然后用绷带紧紧包扎，以达到止血的目的。若伤肢有骨折，还要另加夹板固定。

（4）加垫屈肢止血法。它多用于小臂和小腿的止血，利用肘关节或膝关节的弯曲功能，压迫血管达到止血的目的。在肘窝或腘窝内放入棉垫或布垫，然后使关节弯曲到最大程度，再用绷带把前臂与上臂（或小腿与大腿）固定。

如果创伤部位有异物且不在重要器官附近，可以拔出异物，处理好伤口。如果无把握就不要随便将异物拔掉，应立即送医院，经医生检查，确定未伤及内脏及较大血管时，再拔出异物，以免发生大出血从而措手不及。

2. 常用包扎法及适用部位

有外伤的伤员经过止血后，就要立即用急救包、纱布、绷带或毛巾等包扎起来。及时、正确的包扎，既可以起到止血的作用，又可以保持伤口清洁，防止污物进入，避免细菌感染。当伤员有骨折或脱臼时，包扎还可以起到固定敷料和夹板的作用，以减轻伤员的痛苦，并为安全转送医院救治打下良好的基础。

（1）绷带包扎。绷带包扎法主要有：环形包扎法，适用于颈部、腕部和额部等处，绷带每圈需要完全或大部分重叠，末端用胶布固定，或将绷带尾部撕开打个活结固定。螺旋包扎法，多用于前臂和手指包扎，先用环形法固定起始端，把绷带渐渐斜旋上缠或下缠，每圈压前圈的一半或1/3，呈螺旋形，尾端在原位缠两圈予以固定，如图5-4所示。"8"字包扎法，多用于肘、膝、腕和踝等关节处，包扎是以关节为中心，从中心向两边缠，一圈向上，一圈向下地包扎。回转包扎法，用于头部的包扎（见图5-5），自右耳上开始，经额、左耳上，枕外隆凸下，然后回到右耳上始点，缠绕两圈后到额中时，将带反折，用左手拇指、食指按住，绷带经过头顶中央到枕外隆凸下面，由伤员或助手按住此点，绷带在中间绷带的两侧回返，直到包盖住全头部，然后缠绕两圈加以固定。

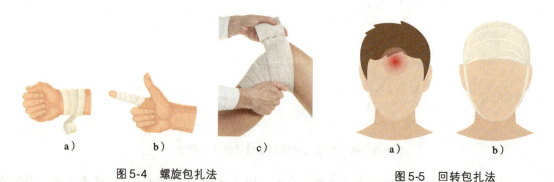

a)   b)   c)   a)   b)

图5-4 螺旋包扎法   图5-5 回转包扎法

（2）三角巾包扎。三角巾包扎法主要有：头部包扎法，将三角巾底边折叠成两指宽，中央放于前额并与眉平齐，顶尖拉向脑后，两底角拉紧，经两耳的上方绕到头的后枕部打结。如果三角巾有富余，在此交叉再绕回前额打结，如图5-6c所示。面部包扎法，先在三角巾顶角打一结，套在下颌处，罩于头面部，形似面具。底边拉向后脑枕部，左右角拉紧，交叉压住底边，再绕至前额打结。包扎后，可根据情况，在眼、口处剪开小洞。上肢包扎法，当上臂受伤时，可把三角巾一底角打结后套在受伤的那只手臂的手指上，把另一底角拉到对侧肩上，用顶角缠绕伤臂并用顶角上的小布带打结，然后把受伤的前臂弯曲到胸前，成近直角形，最后把两底角打结。下肢包扎法，当膝关节受伤时，应根据伤肢的受伤情况，把三角巾折成适当宽度，使之成为带状；然后把它的中段斜放在膝的伤处，两端拉向膝后交叉，再缠绕到膝前外侧打结固定，如图5-7所示。

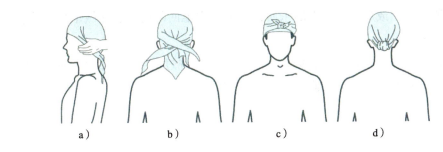

图5-6　三角巾头部包扎法

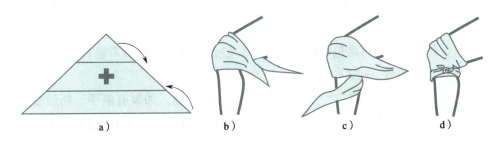

图5-7　膝部三角巾包扎法

3. 止血和包扎时要注意的问题

（1）采用压迫止血法时，应根据不同的受伤部位，正确选择指压点；在采用止血带止血时，注意止血带不能直接和皮肤接触，必须先用纱布、棉花或衣服垫好。每隔1h松解止血带2～3min，然后在另一稍高的部位扎紧，以暂时恢复血液循环。

（2）扎止血带的部位不要离出血点太远，以免使更多的肌肉组织缺血、缺氧。当肢体严重挤压或伤口远端肢体严重缺血时，禁止使用止血带。

（3）在包扎时，要做到快、准、轻、牢。"快"就是包扎动作要迅速、敏捷、熟练；"准"就是包扎部位要准确；"轻"就是包扎动作要轻柔，不触碰伤口，打结也要避开伤口；"牢"就是要牢靠，不能过紧或过松，过紧会妨碍血液流动，影响血液循环，过松容易造成绷带脱落或移动。

（4）头部外伤和四肢外伤一般采用三角巾包扎和绷带包扎。如果抢救现场没有三角巾或绷带，可利用衣服、毛巾等物代替。

（5）在急救中，如果伤员出现大出血或休克情况，则必须先进行止血和人工呼吸，不要因为忙于包扎而耽误了抢救时间。

4. 眼睛受伤急救

发生眼伤后，可做如下急救处理。

（1）轻度眼伤，如果眼进异物，可叫现场同伴翻开眼皮，用干净手绢、纱布将异物拨出。如果眼中溅进化学物质，要及时用水冲洗。

（2）眼伤严重时，可让伤者仰躺，施救者设法支撑其头部，并尽可能使其保持静止不动，千万不要试图拔出插入眼中的异物。

（3）见到眼球鼓出或从眼球脱出的东西，不可把它推回眼内，这样做十分危险，可能会把能恢复的伤眼弄坏。

（4）立即用消毒纱布轻轻盖上，如没有纱布可用清洗过的新毛巾覆盖伤眼，再缠上布条，缠时不可用力，以不压及伤眼为原则做出上述处理后，立即送医院再做进一步的治疗。

（二）肢体临时固定——断肢（指）与骨折处理

1. 断肢（指）处理

在发生断肢（指）后，除做必要的急救外，还应注意保存断肢（指），以求进行再植。保存的方法是：将断肢（指）用清洁纱布包好，放在塑料袋里。不要用水冲洗断肢（指），也不要用各种溶液浸泡。若有条件，可将包好的断肢（指）置于冰块中，冰块不能直接接触断肢（指），然后将断肢（指）随伤员一同送往医院。

在工作中，当发生肢体外伤时，首先采取止血包扎措施。如果有断手、断肢要立即拾起，把断手用干净的手绢、毛巾、布片包好，放在没有裂缝的塑料袋或胶皮袋内，袋口扎紧，然后在口袋周围放冰块等降温。做完上述处理后，救护人员立即随伤员把断肢送往医院，让医生进行断肢再植手术。切记不要在断肢上涂碘酒、酒精或其他消毒液，否则会使组织细胞变质，造成不能再植的严重后果。

2. 骨折的固定方法

骨骼受到外力作用，发生完全或不完全断裂叫作骨折。按照骨折端是否与外相通，骨折可分为两大类：闭合性骨折与开放性骨折。前者骨折端不与外界相通。后者骨折端与外界相通。从受伤的程度来说，开放性骨折一般伤情比较严重。遇有骨折类伤害，应做好紧急处理后，再送医院抢救。

为了使伤员在运送途中安全，防止断骨刺伤周围的神经和血管组织，加重伤员的痛苦，对骨折处理的基本原则是尽量不让骨折肢体活动，不要进行现场复位。因此，要利用一切可利用的条件，及时、正确地对骨折做好临时固定。

（1）上肢肱骨骨折的固定。可用夹板（或木板、竹片、硬纸夹等）放在上臂内外两侧，用绷带或布带缠绕固定，然后把前臂屈曲固定于胸前。也可用一块夹板放在骨折部位的外侧，中间垫上棉花或毛巾，再用绷带或三角巾固定。

（2）前臂骨折的固定。用长度与前臂相当的夹板，夹住受伤的前臂，再用绷带或布带自肘关节至手掌进行缠绕固定，然后将前臂吊在胸前，如图5-8所示。

安全标语 ▶ 利用急救器材，做好止血工作。

（3）股骨骨折的固定。用两块一定长度的夹板，其中一块的长度与腋窝至足跟的长度相当，另一块的长度与伤员的腹股沟到足跟的长度相当。长的一块放在伤肢外侧腋窝下并和下肢平行，短的一块放在两腿之间，用棉花或毛巾垫好肢体，再用三角巾或绷带分段扎牢固定。

图 5-8　前臂骨折的固定法

（4）小腿骨折的固定。取长度相当于由大腿中部到足跟长的两块夹板，分别放在受伤的小腿内外两侧，用棉花或毛巾垫好，再用三角巾或绷带分段固定。也可用绷带或三角巾将受伤的小腿和另一条没有受伤的腿固定在一起。

（5）脊椎骨折的固定。这是一种大型固定。由于伤情较重，在转送前必须妥善固定。取一块平肩宽长木板垫在背后，左右腋下各置一块稍低于身厚约 2/3 的木板，然后分别在小腿膝部、臀部、腹部、胸部，用宽带予以固定。颈椎骨折者应在头部两侧置沙袋固定头部，使其不能左右摆动。

3. 注意问题

骨折临时固定，要注意如下问题。

（1）骨折部位如果有开放性伤口和出血，应先止血，并包扎伤口，然后做骨折的临时固定；如有休克，应先进行人工呼吸。

（2）对于有明显外伤畸形的伤肢，只要做临时固定进行大体纠正即可，不需要按原形完全复位，也不必把露出的断骨送回伤口，否则会给伤员增加不必要的痛苦，或因处理不当使伤情加重。要注意防止伤口感染和断骨刺伤血管、神经，以免给以后的救治造成困难。

（3）对于四肢和脊柱的骨折，要尽可能就地固定。在固定前，不要随意移动伤肢或翻动伤员。为了尽快找到伤口，又不增加伤员的痛苦，可剪开伤员的衣服和裤子。在固定时不可过紧或过松。四肢骨折应先固定骨折上端，再固定下端，并露出手指或趾尖，以便观察血液循环情况。如果发现指（趾）尖苍白发冷并呈青紫色，说明包扎过紧，要放松后重新固定。

（4）临时固定用的夹板和其他可用作固定的材料，其长度和宽度要与受伤的肢体相称。夹板应能托住整个伤肢。除了把骨折的上下两端固定好外，如果遇到关节处，要同时把关节固定好。

（5）夹板或简便材料不能同皮肤直接接触，要用棉花、毛巾、布单等柔软物品垫好，尤其在夹板的两端，骨头突出的地方和空隙的部位，都必须垫好。

（三）安全转移——伤员的搬运

经过急救以后，就要把伤员迅速地送往医院。搬运伤员也是救护的一个非常重要的环节。如果搬运不当，可使伤情加重，严重时还可能造成神经、血管损伤，甚至瘫痪，难以治疗。因此，对伤员的搬运应十分小心。

1. 单人搬运法

如果伤员伤势不重，可采用扶、掮、背、抱的方法将伤员运走。有3种方式：①单人扶着行走，即左手拉着伤员的手，右手扶住伤员的腰部，慢慢行走。此法适于伤员伤势不重，神志清醒时使用，如图5-9a所示。②肩膝手抱法，若伤员不能行走，但上肢还有力量，可让伤员勾住搬运者颈部，此法禁用于脊柱骨折的伤员，如图5-9b所示。③背驮法，先将伤员支起，然后背着走。

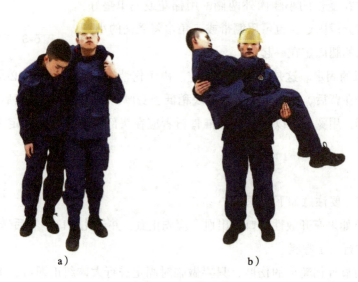

a）   b）

图5-9　单人搬运法

2. 双人搬运法

双人搬运法有三种方式：平抱着走，即两个搬运者站在同侧，并排同时抱起伤员；膝肩抱着走，即一人在前面提起伤员的双腿，另一人从伤员的腋下将其抱起，如图5-10所示；用靠椅抬着走，即让伤员坐在椅子上，一人在后面抬着靠椅背部，另一人在前抬椅腿。

3. 几种严重伤情的搬运法

（1）颅脑损伤昏迷者搬运。首先要清除伤员身上的泥土、堆盖物，解开衣襟。在搬运时，要重点保护头部，伤员在担架上应采取半俯卧位，头部侧向一边，以免呕吐时呕吐物阻塞气道而窒息，若有暴露的脑组织应保护。抬运应两个人以上，抬运前头部给以软枕，膝部、肘部要用衣物垫好，头颈部两侧垫衣物使颈部固定。

（2）脊柱骨折搬运。脊柱骨俗称背脊骨，包括胸椎、腰椎等。脊柱骨折伤员如果现场急救处理不当，容易增加痛苦，造成不可挽救的后果。对于脊柱骨折的伤员，一定要用木板做的硬担架抬运。应由2～4人搬运，使伤成一线起落，步调一致，切忌一人抬胸，一人抬腿。伤员放到担架上以后，要让其平卧，腰部垫衣物，然后用3～4根布带把伤员固定在木板上，以免在搬运中滚动或跌落，造成脊柱移位或扭转，刺激血管和神经，使下肢瘫痪。

在无担架、木板，需要众人用手搬运时，抢救者必须有一人双手托住伤者腰部（见图5-11），

　安全标语 ▶ 　　　　　增强应急管理意识，提高自救互救能力。

切不可单独一人用拉、拽的方法抢救伤者。否则，容易把受伤者的脊柱神经拉断，造成下肢永久性瘫痪的严重后果。

图5-10 双人搬运法　　　　　图5-11 脊柱骨折的搬运法

（3）颈椎骨折搬运。在搬运颈椎骨折伤员时，应由一人稳定头部，其他人以协调力量平直抬在担架上，头部左右两侧用衣物、软枕加以固定，防止左右摆动。

4. 搬运伤员时要注意的事项

（1）在搬运转送之前，要先做好对伤员的检查和完成初步的急救处理，以保证转运途中的安全。

（2）要根据受伤的部位和伤情的轻重，选择适当的搬运方法。

（3）在搬运行进中，动作要轻，脚步要稳，步调要一致，避免摇晃和振动。

（4）在用担架抬运伤员时，要使伤员脚朝前，头在后，以使后面的抬送人员能及时看到伤员的面部表情。

习　题

一、填空题

1. 冲床安全防护装置常用的有_____装置和_____装置。

2. 各种机床常用的传动机构有：_____、_____、_____及_____等。

3. 对于裸露在机器外部的齿轮，为避免给操作者带来伤害，必须加装上_____。

4. 伤口处置方法有_____和_____。

5. 带传动_____、_____、_____，可防止_____，故广泛应用于机器传动中。但由于传送带高速旋转时易产生摩擦生电及放电现象，所以不宜在_____场所内使用。

6. 常用的止血方法主要是_____、_____、_____、_____等。常用的包扎法是_____、_____。

二、简答题

1. 简述机械加工技术安全操作规程的共同纲领。
2. 简述车削加工的安全操作要求。
3. 简述在搬运伤员时要注意的事项。
4. 制动器起什么作用？常用的有哪几种？
5. 制动器松不开闸的原因是什么？
6. 制动器的安全规定有哪些？

第三节　钢铁冶金行业安全防护技术

案例 5-5 　某钢铁股份有限公司炼铁厂 5 号高炉进行淘汰停炉准备操作，工作人员在对炉壳强度检测和论证评估不充分的情况下割开了残铁口处的炉皮，复风操作使炉内压力升高，导致炉中 1400℃ 高温的铁水突然击穿炉壁流出，高温铁水形成气浪，造成现场作业人员 12 人死亡、1 人烫伤。

一、炼铁生产安全技术

（一）炼铁安全生产的主要特点

炼铁过程实质上是将铁从自然形态——矿石等含铁化合物中还原出来的过程。用于炼钢和机械制造等行业的生铁绝大多数是由高炉生产出来的。

高炉炼铁是把焦炭、铁矿石、熔剂等按一定的比例组成炉料，由卷扬机提升或传送带机运输到高炉的炉顶料斗中，再装入高炉中形成料柱，另外被热风炉预热到 1000～1300℃ 的热风，由高炉下部的风口吹入炉内，使焦炭燃烧生成煤气，炽热的煤气上升，把热量传递给炉料，炉料缓慢下降，温度逐步上升，并发生还原、造渣和渗碳作用。矿石中的氧化铁和少量的其他元素的氧化物经过还原和渗碳作用形成含有少量碳、硅、锰、硫、磷等杂质的生铁铁液和炉渣落入炉缸，到达一定数量时，从铁口和渣口排出炉外。

炼铁生产是钢铁工业伤亡事故较多的系统之一，工伤事故的严重程度较高，在钢铁工厂中往往居第一位，其死亡与非死亡事故比例，大型炼铁厂达 1:99，比钢铁工业平均水平高两倍多。国外炼铁工业的工伤事故严重程度也与我国相差无几。

安全标语 ▶ 　　高温作业不逃避，防火救生须及时。

1. 炼铁生产的主要危险与有害因素

炼铁生产的主要危险与有害因素有：烟尘、噪声、高温辐射、铁液和熔渣喷溅与爆炸、高炉煤气中毒、高炉煤气燃烧爆炸、煤粉爆炸、机具及车辆伤害、高处危险作业等。

炼铁生产有以下五个系统。

（1）高温系统：高炉渣口、铁口、砂口、出铁场、渣铁沟、砂坝，铸铁机、残铁罐。

（2）煤气系统：高炉炉顶、铁口、渣口，无料钟炉顶上下密封阀；热风炉煤气阀轴头等。高炉煤气是一种无色、无味、剧毒、易燃易爆的气体，此外无料钟炉顶使用氮气，氮气是一种窒息性气体。

（3）传动系统：带轮、减速机、各种齿轮咬合处，传动带与带轮接触部位；传动带卸料小车，各种电气设备等。

（4）起重系统：起重设备（吊车）。

（5）厂区交通系统：火车及公路上各种机动车辆，交叉路口。

2. 炼铁生产的主要事故类别

炼铁生产的主要事故类别如下。

（1）高温系统易造成职工烧伤、灼伤事故。

（2）煤气系统易造成煤气中毒事故。

（3）传动系统极易造成传动带挤伤、绞伤事故及触电事故。

（4）起重系统易造成物体打击、高空坠落事故。

（5）厂区交通系统易造成撞伤、挤压等。

炼铁生产恶性伤亡事故主要是爆炸和煤气中毒两大类。炼铁厂曾发生煤气中毒伤亡十几人，甚至几十人到上百人的重大伤亡事故。

（二）炼铁生产的主要安全技术

1. 高炉装料系统安全技术

装料系统的任务是将高炉所需的原料、燃料通过供料、上料设备等装入高炉内。装料系统包括原料、燃料的运入、储存、放料、输送，以及炉顶装料等环节。装料系统应尽可能地减少装卸与运输环节，提高机械化、自动化水平，使之安全地运行。

（1）运入、储存与放料系统。大中型高炉的原料和燃料大多数采用胶带机运输，相较于火车和汽车运输，自动化程度高且产生的粉尘少。但若储矿槽未铺设隔栅或隔栅不全，周围没有栏杆，人行走时则有掉入槽的危险；若料槽形状不当，存有死角，则需要人工清理，存在一定的危险；若内衬磨损，则进行人工维修的劳动条件差，存在一定的危险；若料闸门失灵，用人工捅料，则容易发生崩料、挤压事故；若放料系统封闭不严，则粉尘浓度很大，尤其是在采用胶带机加振动筛筛分料时，作业环境更差。因此，储矿槽的结构应是永久性的、十分坚固的，矿槽上必须设置隔栅，周围设栏杆，并保持完好；各个槽的形状应该做到自动顺利下料，槽的

倾角不应小于50°，以消除人工清理的现象，金属矿槽应安装振动器；钢筋混凝土结构矿槽，内壁应铺设耐磨衬板，存放热烧结矿的内衬板应是耐热的；料槽应设料位指示器，卸料口应选用开关灵活的阀门，最好采用液压闸门；放料系统应采用完全封闭的除尘设施。

（2）输送系统。高炉上料有料车斜桥上料法和传送带机上料法。料车必须设有两个相对方向的出入口，并设有防水防尘措施，一侧应设有符合要求的通往炉顶的人行梯。卸料口卸料方向必须与胶带机的运转方向一致，机上应设有防跑偏、打滑装置。胶带机在运转时容易伤人，所以必须在停机后，方可进行检修、加油和清扫工作。

（3）炉顶装料系统。钟式装料系统以大钟为中心，由大小钟、料斗、大小钟开闭驱动设备、探尺、旋转布料等装置组成。采用高压操作必须设置均压排压装置。做好各装置之间的密封，特别是在高压操作时，密封不良会使装置的部件受到煤气冲刷，缩短使用寿命，甚至会出现大钟掉到炉内的事故。料钟的开闭必须遵守安全程序，因此有关设备之间必须连锁，以防止人为失误。

2. 供水与供电安全技术

高炉是连续生产的高温冶炼炉，不允许发生中途停水、停电事故。特别是大型、中型高炉必须采取可靠的措施，保证安全供电、供水。

（1）供水系统安全技术。高炉炉体、风口、炉底、外壳、水渣等必须连续给水，一旦中断便会发生烧坏冷却设备、造成停产的重大事故。为了安全供水，大型、中型高炉应采取以下措施：供水系统设有一定数量的备用泵；所有泵站均设有两路电源；设置供水的水塔，以保证柴油泵启动时供水；设置回水槽，保证在没有外部供水情况下维持循环供水；在炉体、风口供水管上设连续式过滤器；供水、排水采用钢管以防破裂。

（2）供电安全技术。不能停电的仪器设备，万一发生停电，应考虑人身及设备安全，设置必要的保安应急措施。设置专用、备用的柴油机发电组。

计算机、仪表电源、事故电源和通信信号均为保安负荷，各电器室和运转室应配紧急照明用的荧光灯。

3. 煤粉喷吹系统安全技术

高炉喷吹燃料通常是指通过风口向炉内吹入液体、气体和固体工业燃料，以节约部分焦炭。喷吹的燃料一般是燃料油、天然气、焦炉煤气、煤粉等。这些燃料都是易燃易爆品，所以在喷吹和运输时都要有安全措施。

（1）在燃油喷吹时，因杂油、柴油的闪点都比重油低，极易着火引起爆炸事故，所以贮油罐必须有泡沫灭火装置或防火蒸汽管，一旦着火，立即扑灭。在高炉附近，喷油系统应设由总管切断阀、蒸汽吹扫阀、自动调节阀、流量计和旁路闸板阀组成的油量调节系统。油路间的止回阀是防止热风倒流的安全装置，当流动介质发生倒流现象时，止回阀应立即自动关闭。

（2）喷吹煤粉的安全措施如下。

1）剔除煤粉中的金属物，防止金属摩擦产生火花。

2）采用惰性气体，使混合气体中含氧量控制在安全范围内。

3）贮煤罐、喷吹罐设防爆孔，并保持室内通风良好。

4）严格控制磨煤出口、粉煤仓、喷吹罐和布袋除尘器进出口温度，设置温度、压力及氧气等含量极限报警装置。

5）混合器与煤气输送管间，应设逆止阀和自动切断阀，保证喷吹的煤粉与空气混合物在风口前的压力大于高炉热风压力（50kPa），大于大型高炉的热风压力（100kPa）。喷吹管路应设低压报警装置与逆止阀，当压力低于规定值时，低压报警装置发出信号，并自动切断。

6）管道系统的设计应使管道保持足够的气流速度，以防止煤粉在管道中沉积。

7）煤粉制作间应设水冲洗系统或真空吸尘系统，防止煤尘散落堆砌，导致煤尘爆炸事故。

4. 高炉安全操作技术

（1）开炉的操作技术。新高炉的炉衬是湿的，如不烘干，开炉后温度突然升高，会造成炉衬砖胀裂，因为装入的原料是冷的，还容易造成高炉悬料、炉冷，甚至炉缸冻结；在开炉时煤气中的一氧化碳、氢较多，会使爆炸因素增加等。所以开炉工作极为重要，处理不当极易发生事故。开炉前应做好如下工作：高炉的所有设备都必须安装完毕，并认真做好单项试车和联合试车；重点检查保证高炉连续作业的关键设备，严格按规范进行逐项验收；做好原料和燃料的准备；制定烘炉曲线，并严格执行；保证准确计算和配料；所有除尘和煤气净化系统应事先通入蒸汽1~2h，不宜使用煤气驱赶空气的方法来处理。

（2）出铁安全。炉前操作的主要任务是及时而又安全地放尽炉渣和生铁，如果铁口维护不好，就会发生铁口堵不上、跑大流、被迫休风停产等事故。为了维护好铁口，应做好以下工作：

1）多放上渣，减少从铁口流出的炉渣，减轻炉渣对铁口的侵蚀作用。

2）在出铁时，铁口不能有潮泥，因为带潮泥出铁，会造成铁口大喷，烫伤人员，冲塌铁口。

3）放净渣铁。如果渣铁不放净，在堵口时打进去的炮泥就不能在铁口黏住，而可能被铁液冲走。

4）出铁前渣罐、铁液罐、铁液沟及闭渣器应干燥，防止刚打开铁口就被迫堵口，造成炉前操作混乱。

（3）放渣与炉渣处理的安全。在人工使用堵耙堵渣口时，要掌握好堵渣的时机。当炉渣放净刚刚见喷的时刻，就应立即堵口，错过这个时机，就可能导致渣口大喷。炉渣带铁，不但会烧坏渣口水套，严重时还会引起渣口爆炸，甚至毁坏整个渣口设备。为了避免这种事故的发生，禁止在铁液面接近渣口时从渣口放渣。为了防止渣中带铁引起冲渣爆炸，还应注意以下事项。

1）在放上渣时，发现带铁应立即堵住渣口。

2）出铁冲下渣，撇渣器的沙坝要有适当的高度和足够的牢度；在堵铁口时，要等到主沟中铁液流净才能堆沙坝。

3）在严重炉冷，渣中带铁过多时，要改用渣罐。

（4）休风的安全措施。休风操作中主要的安全问题是防止煤气爆炸。应采取以下安全措施。

1）休风以前，把水蒸气通入煤气系统，并保持正压，驱除残存煤气，消除爆炸因素。

2）休风切断煤气以前，应把除尘器的灰放净，因为除尘器里面的高温灰尘，是爆炸的明火来源。

3）在炉顶和大钟、小钟之间通入蒸汽，造成正压，使空气不能侵入。

4）在休风过程中，要保持炉顶明火燃烧，由于炉内不断逸出的煤气被烧掉，就可消除爆炸因素，但当炉顶火焰熄灭后再次点燃时，必须重新复风，然后再次点燃，否则可能引起爆炸。

（5）停炉的操作技术。停炉常采用空料线法，即在停炉过程中，不装料，料面下降时，通过从炉顶喷水来控制炉顶温度，但随着料面的降低，煤气中的一氧化碳浓度和温度逐渐增高，再加上喷入炉内水分的分解使煤气中氢浓度增加。为防止煤气爆炸事故，应做好如下工作：处理煤气系统，以保证该系统蒸汽畅通；控制好风量和风温，控制好炉顶压力；在停炉前，切断已损坏的冷却设备的供水，更换损坏的风渣口；利用打水控制炉顶温度在 $400 \sim 500℃$；在停炉过程中要保证炉况正常，严禁休风；大水喷头必须设在大钟下，如果设在大钟上时，严禁开关大钟。

5. 高炉维护安全技术

高炉生产是连续进行的，任何非计划休风都属于事故。因此，应加强设备的检修工作，尽量缩短休风时间，保证高炉正常生产。

在高炉检修时，炉内并不熄火，里面充满炽热的焦炭，虽然已停止鼓风，但由于炉身下部及风口附近不可能彻底密闭，少量空气仍源源不断渗进炉内，和炽热焦炭接触后产生少量一氧化碳。所以，在高炉休风的整个过程中，高炉煤气仍不断产生，由炉顶逸出，积累到一定水平就会危及检修人员的安全。

为防止煤气中毒与爆炸应注意以下几点。

1）在一、二类煤气作业前，必须通知煤气防护站的人员，并要求至少有2人以上进行作业。在一类煤气作业前，还须进行空气中一氧化碳含量的检验，并佩戴氧气呼吸器。

2）在煤气管道上动火时，必须先取得动火票，并做好防范措施。

3）在进入容器作业时，应首先检查空气中一氧化碳的浓度；在作业时，除要求通风良好外，还要求容器外有专人进行监护。

高炉检修是高空多层作业，40%的伤亡事故是高空坠落，因此防止坠落是高炉检修安全工作的重点之一。

在高炉检修时需要把料面下降，在降料过程中，炉顶温度越来越高，为了保护炉顶设备，需往炉内打水，以降低炉顶温度；打水以后，炉内产生大量水蒸气，煤气中氢含量增加，造成爆炸的因素增多，所以整个降料过程都要注意安全控制用水，防止产生强烈爆炸事故。

高炉休风以后，炉内还有煤气，可能使检修工人中毒，也可能发生爆炸，所以在休风检修以前，要把炉顶的爆发孔打开，并把炉顶的煤气点着。在检修过程中，应继续保持炉顶明火燃烧。

案例 5-6

某炼铁厂为了解决入炉焦炭含水量高的问题，为该厂高炉配套新建了一台煤气加热炉，试行将焦炭加热烘干。某日 6 时 30 分，29 岁的看料工刘某到 4 号料仓查看储料情况时，因吸入加热管道中排出的废气，中毒掉入料仓。同班另外 3 名工人刘某、尹某、柯某见此情景，争相过来施救，结果都因吸入废气而依次掉入料仓。厂方得知情况后，立即停止煤气加热炉运作，组织人员救起 4 名掉入料仓的工人。等 120 医务人员赶到进行现场施救时，4 人已无生命体征。

（三）炼铁生产事故的预防措施和技术

炼铁厂煤气中毒事故危害严重，死亡人员多，多发生在炉前和检修作业中。预防煤气中毒的主要措施是提高设备的完好率，尽量减少煤气泄漏；在易发生煤气泄漏的场所安装煤气报警器；在进行煤气作业时，煤气作业人员携带便携式煤气报警器，并派专人监护。

炉前还容易发生烫伤事故，主要预防措施是提高装备水平，作业人员要穿戴防护服。原料场、炉前还容易发生车辆伤害和机具伤害事故。

烟煤粉尘制备、喷吹系统，当烟煤的挥发超过 10% 时，可发生粉尘爆炸事故。为了预防粉尘爆炸，主要采取控制磨煤机的温度、控制磨煤机和收粉器中空气的氧含量等措施。

想一想，论一论

案例 5-5、案例 5-6 中发生事故的主要原因是什么？对我们有何教训？工人在类似的情况下应注意哪几个方面的问题？

二、炼钢生产安全技术

（一）炼钢安全生产的主要特点

通过高炉冶炼所得到的铁液含碳量高，并含有硫、磷等有害杂质，影响铁的力学性能，需要对铁液进一步冶炼，降低铁液中的碳和去除有害杂质，加入适量的合金元素，这个过程叫作炼钢。钢的综合性能，特别是力学性能比生铁好得多，用途也比生铁广泛。

炼钢的主要原料有高炉冶炼得到的铁液，还有部分废钢、生铁等，为了去除铁液中的杂质，还需要有氧化剂和造渣材料，以及铁合金等材料，以调整钢的成分。炼钢炉有平炉、转炉和电炉三种，平炉炼钢法因能耗高、冶炼周期长、热效率低、作业环境差现已逐步淘汰。

1. 炼钢生产的主要危险与有害因素

炼钢生产具有高温作业线长、设备和作业种类多、起重作业和运输作业频繁的特点，主要危险源有：高温辐射、钢液和熔渣喷溅与爆炸、氧枪回火燃烧与爆炸、煤气中毒、车辆伤害、起重伤害、机具伤害、高处坠落伤害等。具体有：

（1）熔融物遇水的爆炸。

（2）炉内化学物质引起爆炸与喷溅。

（3）氧枪系统燃烧与爆炸。

（4）废钢与拆炉爆破。

（5）钢、铁、渣灼伤。

（6）煤气中毒。

2. 炼钢生产的主要事故类别和原因

炼钢生产的主要事故类别有：氧枪回火、钢液和熔渣喷溅等引起的灼烫和爆炸，起重伤害，车辆伤害，机具伤害、物体打击，高处坠物，触电和煤气中毒等。

导致炼钢生产事故发生的主要原因有人为原因、管理原因和物质（环境）原因。

（1）人为原因主要是违章作业、误操作和身体疲劳。

（2）管理原因主要是劳动组织不合理，工人不懂或不熟悉操作技术；现场缺乏检查指导，安全规程不健全；技术和设计上的缺陷。

（3）物质（环境）原因主要是设施（设备）工具缺陷；个体防护用品缺乏或有缺陷；防护保险装置有缺陷和作业环境条件差。

（二）炼钢生产的主要安全技术

1. 氧枪系统安全技术

转炉通过氧枪向熔池供氧来强化冶炼。氧枪系统是钢厂用氧的安全工作重点。

（1）弯头或变径管燃爆事故的预防。氧枪上部的氧管弯道或变径管由于流速大，局部阻力损失大，如管内有渣或脱脂不干净，容易诱发高纯、高压、高速氧气燃爆。应通过改善设计、防止急弯、减慢流速、定期吹管、清扫过滤器等手段来避免事故的发生。

（2）回火燃爆事故的防治。低压用氧导致氧管负压、氧枪喷孔堵塞，易引起由高温熔池产生的燃气倒罐回火，发生燃爆事故，因此应严密监视氧压。在多个炉子用氧时，要有序用氧，以免造成管道回火。

（3）汽阻爆炸事故的预防。因操作失误造成氧枪回水不通，氧枪积水在熔池高温中汽化，阻止高压水进入，当氧枪内的蒸汽压力高于枪壁强度极限时便发生爆炸。

2. 废钢与拆炉爆破安全技术

（1）废钢入炉前要仔细检查，严防混入爆炸物和毒品；严防混入钢种成分限制的元素和铅、锌、铜等有色金属。

（2）废钢应清洁干燥、少锈，应尽量避免带入泥土、砂石、油污等。

（3）爆破可能出现的危害：爆炸地震波、爆炸冲击波、碎片和飞块的危害、噪声等。

（4）安全对策：一是重型废钢爆破，废钢必须在地下爆破坑内进行，爆破坑强度要大，并有泄压孔，泄压孔周围要设立柱挡墙；二是拆炉爆破，限制装药量，控制爆破能量；三是采取必要的防治措施。

3. 钢、铁、渣灼伤防护技术

铁、钢、渣液的温度高，热辐射强，易于喷溅，加上设备及环境的温度高，极易发生灼伤事故。

（1）灼伤及其发生的原因：设备遗漏，如炼钢炉、钢液罐、铁液罐、混铁炉等满溢；铁、钢、渣液遇水发生的物理化学爆炸及二次爆炸；过热蒸汽管线穿漏或裸露；违反操作规程。

（2）安全对策：定期检查、检修炼钢炉、钢液罐、铁液罐、混铁炉等设备；改善安全技术规程，并严格执行；做好个人防护；容易漏气的法兰、阀门要定期更换。

4. 炼钢厂起重运输作业安全技术

炼钢过程中需要的原材料、半成品、成品都需要起重设备和机车进行运输，在运输过程中有很多危险因素。

（1）存在的危险：起吊物坠落伤人，起吊物相互碰撞，铁液和钢液倾翻伤人，车辆撞人。

（2）安全对策：在设计厂房时考虑足够的空间；更新设备，加强维护；提高工人的操作水平；严格遵守安全生产规程。

5. 炉内化学反应引起的喷溅防护技术

炼钢炉、钢包、钢锭模内的钢液因化学反应引起的喷溅与爆炸危害极大。在处理这类喷溅与爆炸事故时，有可能出现新的伤害。

造成喷溅与爆炸的原因如下。

（1）冷料加热不好。

（2）精炼期的操作温度过低或过高。

（3）炉膛压力大或瞬时性烟道吸力低。

（4）碳化钙水解。

（5）钢液过氧化增碳。

（6）留渣操作引起大喷溅。

安全对策主要有如下几种。

（1）增大热负荷，使炼钢炉的加热速度适应其加料速度。

（2）避免炉料冷却或过烧。

（3）采用先进的自动调节炉膛压力系统，使炉膛压力始终保持在133～400Pa范围内。

（4）增强炼钢炉排除烟气通道及通风机的能力。

（5）用容器储运电石粉，并安装自动报警装置。

案例 5-7　4月1日11时22分，某钢铁集团公司2号100t转炉，出完钢，溅渣护炉以后，在处理氧枪结瘤过程中，发生放炮现象，引起炉内的高温红渣溅出，造成冲击波，将挡火门和主控室全部损毁。事故造成4人死亡，28人受伤。

（三）炼钢生产事故预防措施和技术

炼钢生产主要安全事故及预防措施如下。

1. 炼钢厂房的安全要求

应考虑炼钢厂房的结构能够承受高温辐射；具有足够的强度和刚度，能承受钢液包、铁液包、钢锭和钢坯等载荷和碰撞而不会变形；有宽敞的作业环境，通风采光良好，有利于散热和排放烟气，要充分考虑人员作业时的安全要求。

2. 防爆安全措施

钢液、铁液、钢渣，以及炼钢炉炉底的熔渣都是高温熔融物，与水接触就会发生爆炸。当1kg水完全变成蒸汽后，其体积要增大约1500倍，破坏力极强。炼钢厂因为熔融物遇水会爆炸的情况主要有如下几种。

(1) 转炉氧枪、烟罩，连铸机结晶器的高压、中压冷却水大漏，接触熔融物而爆炸。

(2) 炼钢炉、精炼炉、连铸结晶器的水冷件因为回水堵塞，造成继续受热而引起爆炸。

(3) 炼钢炉、钢液罐、铁液罐、中间罐、渣罐等设备漏钢、漏渣及倾翻时发生爆炸。

(4) 往潮湿的钢液罐、铁液罐、中间罐、渣罐中盛装钢液、铁液、液渣时发生爆炸。

(5) 向有潮湿废弃物及积水的罐坑、渣坑中放热罐、放渣、翻渣时引起的爆炸。

(6) 向炼钢炉内加入潮湿料时引起的爆炸；铸钢系统漏钢与潮湿地面接触发生爆炸。

防止熔融物遇水爆炸的安全对策如下。

(1) 冷却水系统应安装压力、流量、温度、漏水量等仪表和指示、报警装置，以及氧枪、烟罩等连锁的快速切断、自动提升装置，并在多处安装便于操作的快速切断阀及紧急安全开关。

(2) 冷却水应是符合规程要求的水质。

(3) 采用多种氧枪安全装置，如氧枪自动装置、张力传感器检测装置，激光检测枪位装置等。

(4) 加强设备的维护和检修。

(5) 加强人员技术培训，增强责任心，防止误操作。

案例 5-8 10月9日7点左右，某炼钢分厂2号炉将第11炉钢出完后，炼钢工王某指挥兑入铁液，冶炼2~3min后，摇炉并指挥天车工赵某向炉内加入废钢，由于前一天下雨，废钢潮湿，一斗废钢刚刚加入炉内，突然一声巨响，炼钢炉内铁液发生大喷，1500℃左右高温的铁液喷向天车，将刚加完废钢的天车工赵某烫伤，烫伤面积达90%，他在医院苦苦挣扎57天后，不幸死亡。

教训："潮湿废钢严禁入炉"，规程上写得明明白白。此次事故加入的废钢是经过雨淋的，但未能引起相关人员的注意，是造成此次事故的主要原因。面对阴雨天气，废钢潮湿是操作工人和各级管理人员首先应想到安全问题，这是安全第一的具体体现。

氧枪系统是由氧枪、氧气管网、水冷管网、高压水泵房、一次仪表室、卷扬及测控仪表等组成，如使用、维护不当，会发生燃爆事故。氧气管道应避免采用急弯，要采取减慢流速、定期吹扫氧管、清扫过滤器等措施防止燃爆事故。要严密监视氧压，一旦氧压降低，就要采取紧急措施，并立即上报；氧枪喷孔发生堵塞要及时检查处理。因误操作造成氧枪冷却系统回水不畅，枪内积水汽化，阻止高压冷却水进入氧枪，可能引起氧枪爆炸；如冷却水不能及时停水，则可能进入熔池而引发更严重的爆炸事故。因此氧枪的冷却水回水系统要装设流量表，吹氧作业时要严密监视回水情况，要加强人员技术培训，增强责任心，防止误操作。

3. 烫伤事故的预防

铁、钢、渣的温度在1250～1700℃时，热辐射强，易喷溅，加上设备及环境温度高，起重调运、倾倒作业频繁，作业人员极易发生烫伤事故。防止烫伤事故应采取下列措施：定期检查、检修炼钢炉、混铁炉、化铁炉、混铁车，钢液罐、铁液罐、中间罐、渣罐及其吊运设备、运输线路和车辆，并加强维护，避免穿孔、渗漏，以及起重机断绳、罐体断耳和倾翻；严格执行预防铁液、钢液、渣等熔融物与水接触发生爆炸、喷溅事故的措施；过热蒸汽管线、氧气管线等必须采取保温措施，不允许裸露；法兰、阀门应定期检修，防止泄漏；制定完善的安全技术操作规程，严格对作业人员进行安全技术培训，防止误操作；做好个人防护，上岗必须穿戴工作服、工作鞋、防护手套、安全帽、防护眼镜和防护罩；尽可能提高技术装备水平，减少人员烫伤的发生率。

想一想，论一论

案例5-7、案例5-8中发生的事故是否为责任事故？能否避免？如果你在类似的场合中会怎样做？

三、轧钢生产安全技术

（一）轧钢安全生产概述

轧钢生产是钢铁工业生产的最终环节，是钢铁材料的一种重要加工方法。轧钢生产的任务是把钢铁工业中的采矿、选矿、炼铁、炼钢等工序的物化劳动集中转化为钢铁工业的最终产品——钢材。

轧钢的方法，按轧制时轧件与轧辊的相对运动关系可分为纵轧、横轧和斜轧；按轧制温度的不同可分为热轧与冷轧；按轧制产品的成型特点可分为一般轧制和特殊轧制。旋压轧制、弯曲成型的都属于特殊轧制。轧制同其他加工一样，是使金属产生塑性变形，制成具有一定形状、尺寸和性能的钢材的加工过程。不同的是，轧钢工作是在旋转的轧辊间进行的。

轧钢机械按照设备不同的用途，可以分为主要设备和辅助设备两大类。主要设备是使轧件在轧辊中实现塑性变形的机械，一般称为主机或主机列。辅助设备是用来完成其他辅助工序的机械，如加热设备中的推钢机、出钢机和精整设备中的剪切机、矫直机、卷取机等。

轧机按用途分类有：初轧机和开坯机、型钢轧机（大、中、小和线材）、板带机、钢管轧机和其他特殊用途的轧机。轧机的开坯机和型钢轧机是以轧辊的直径标称的，板带轧机是以轧辊

辊身长度标称的，钢管轧机是以能轧制的钢管的最大外径标称的。

轧钢生产的设备、工艺和环境条件都给生产人员的安全带来一定的潜在的危害，容易造成伤害的场所如下。

(1) 高速运动轧件的周围和发生故障时可能的射程区域。

(2) 高温运动轧件周围或可能发生飞溅金属或氧化铁皮的区域。

(3) 外露的高速运转或移动设备的周围。

(4) 有毒物或易燃、易爆气体的设备或管道周围，及可能积存有毒有害或可燃性气体的场所。

(5) 高压、高频带电设备，或超过规定的磁场强度、电场强度标准、易于触电的场所等。

(6) 强酸碱容器周围。

案例 5-9　4月5日7点55分，某轧钢厂精整作业区开始进行交接班。精整点数工闫某发现4号对齐挡板下有一把钳子，于是想通过辊道上部的对齐挡板去捡。由于对齐挡板狭窄且晃动，闫某在通过时站立不稳，滑跌到正在输送棒材的辊道上，被辊道上输送的棒材撞伤，裤子因温度较高起火，造成双腿小腿骨折，右腿小腿烧伤。

（二）轧钢安全技术

1. 原料准备的安全技术

要设有足够的原料仓库、中转仓库、成品仓库和露天堆放地，安全堆放金属材料。钢坯通常用磁盘吊和单钩吊卸车。挂吊人员在使用磁盘吊时，要检查磁盘是否牢固，以防脱落砸人。在使用单钩吊卸车前，要检查钢坯在车上的放置情况。钢绳和车上的安全柱是否齐全、牢固，使用是否正常。在卸车时，要将钢绳穿在中间位置上，两根钢绳间的跨距应保持1m以上，使钢坯吊起后两端保持平衡，再上垛堆放。400℃以上的热钢坯不能用钢丝绳卸吊，以免烧断钢绳，造成钢坯掉落砸伤、烫伤。钢坯堆垛要放置平稳、整齐，垛与垛之间保持一定的距离，便于工作人员行走，避免吊放钢坯时相互碰撞。垛的高度以不影响吊车正常作业为标准，吊卸钢坯作业线附近的垛高应不影响司机的视线。工作人员不得在钢坯垛间休息或逗留。挂吊人员在上下垛时要仔细观察垛上的钢坯是否处于平衡状态，防止在吊车起落时受到振动而滚动或登攀时踏翻，造成压伤或挤伤事故。

大型钢材的钢坯用火焰清除表面的缺陷，其优点是清理速度快。火焰清理主要用煤气和氧气的燃烧来进行工作，在工作前要仔细检查火焰枪、煤气和氧气胶管、阀门、接头等有无漏气现象，风阀、煤气阀是否灵活好用，在工作中出现临时故障要立即排除。火焰枪发生回火，要立即拉下煤气胶管，迅速关闭风阀，以防回火爆炸伤人。火焰枪操作程序按操作规程进行。

中厚板的原料堆放和管理很重要，在堆放时，垛要平整、牢固，垛高不能超过4.5m，注意火焰枪、切割器的规范操作和安全使用。

冷轧原料的准备：冷轧原料钢卷均在2t以上，吊运是安全的重点问题，吊具要经常检查，发现磨损及时更换。

2. 加热与加热炉的安全技术

工业炉用的燃料分为固体、液体和气体。燃料与燃烧的种类不同，其安全要求也不同。气体燃料运输方便、点火容易、易达到完全燃烧，但某些气体燃料有毒，具有爆炸危险，在使用时要严格遵守安全操作规程。在使用液体燃料时，应注意燃油的预热温度不宜过高，在点火时进入喷嘴的重油量不得多于空气量。为防止油管的破裂、爆炸，要定期检验油罐和管路的腐蚀情况，储油罐和油管回路附近禁止烟火，应配有灭火装置。

原料加热的一般要求：

1）加热设备应设有可靠的隔热层，其外表面温度不得超过100℃。

2）工业炉窑应设有各种安全回路的仪表装置和自动警报系统，以及使用低压燃油、燃气的防爆装置。

3）加热设备应配置安全水源或设置高位水源。

4）均热炉揭盖机，应设有音响警报信号。

5）实行重级工作制的钳式吊车，应设有防碰撞装置、夹钳夹紧显示灯、操纵杆零位锁扣、挺杆升降安全装置和小车行驶缓冲装置。

6）工业炉窑所有密闭性水冷系统，均应按规定试压合格方可使用；水压不应低于0.1MPa，出口水温不应高于50℃。

7）连续热处理设备旁，应设有应急开关。带有活底的热处理炉，应设有开启门的闭锁装置和声响信号。

8）进入使用氢气、氮气的炉内或贮气柜、球罐内检修，应采取可靠的置换清洗措施，并应有专人监护和采取便于炉内外人员联系的措施。

9）辊底式热处理炉，炉底辊传动装置应设有安全电源。

10）贮油罐或重油池，应安装排气管和溢流管。输送重油的管路，应设有火灾时能很快切断重油输送的专用阀。

11）电热设备应有保证机电设备安全操作的联锁装置。水冷却电热设备的排水管，应有水温过高警报和供水中断时炉子自动切断电源的安全装置。

12）采用电感应加热的炉子，应有防止电磁场危害周围设备和人员的措施。

13）工业炉窑检修和清渣，应严格按照有关设备维护规程和操作规程进行，防止发生人员烫伤事故。

工业炉发生事故，大部分是由于维护、检查不彻底和操作上的失误造成的。首先要检查各系统是否完好，加强维护保养工作，及时发现隐患部位，迅速整改，防止事故发生。

3. 冷轧生产安全技术

冷轧生产的特点是加工温度低，产品表面无氧化铁皮等缺陷，光洁度高，轧制速度快。酸洗，主要是为了清除表面氧化铁皮，生产时应注意如下事项。

（1）板、带冷轧机，应有防止冷轧板、带断裂及头、尾、边飞裂伤人和损坏设备的设施。

（2）卷取机工作区周围，应设置安全防护网或板。地下式卷取机的上部，周围应设有防护

栏杆，并有防止带钢冲出轧线的设施，并设有安全罩。

（3）冷轧管机与冷拔管机，应有防止钢管断裂和管尾飞甩的措施。

（4）轧机的机架、轧辊和传动轴，应设有过载保护装置，以及防止其破坏时碎片飞散的措施。

（5）轧机与前后辊道或升降台、推床、翻钢机等辅助设施之间，应设有安全联锁装置。自动、半自动程序控制的轧机，设备动作应具有安全联锁功能。

（6）酸洗车间应单独布置，对有关设施和设备应采取防酸措施，并应保持良好通风。

（7）酸洗车间应设置贮酸槽，采用酸泵向酸洗槽供酸，不应采用人工搬运酸罐加酸。采用槽式酸碱工艺的，不应往碱液槽内放入潮湿钢件。酸碱洗液面距槽上沿应不小于0.65m。在钢件放入酸槽、碱槽，以及酸洗后浸入冷水池时，距槽、池5m以内不应有人。

另外，还应注意：冷轧速度快，清洗轧辊选好站位，磨辊必须停车，处理事故必须停车，切断总电源，手柄恢复零位。在采用X射线测厚时，要有可靠的防射线装置。

4. 设备检修安全技术

（1）轧钢由于生产工艺复杂，设备种类多，在冶金工厂设备中占的比重较大，检修任务重，故检修安全是安全管理的重要环节。轧钢厂大修、中修是多层作业，易发生高空坠落、物体打击等事故。

（2）事故预防措施如下。

1）在检修前，组织好检修人员和安全管理人员，做好安全准备工作，并在检修过程中加强安全监护。重视不安全因素，除有安全防范措施外，检修现场要设置围栏、安全网、屏障和安全标志牌。高空作业必须系安全带。

2）在检修电气、煤气、氧气、高压气动力设备和管线时，严格按规程贯彻停送电制度，确认安全方可进行。

3）在更换煤气管道开闭器时，遵守《煤气安全操作规程》要求，靠近易燃易爆设备、物体及要害部位时，采取防火措施，经检查确认安全后方可动火。

4）严格遵守起重设备安全操作制度，指挥人员须佩戴安全标志，吊物用的钢绳、钩环要认真检查。

5）在检修前，须对检修人员进行安全教育，控制人的不安全行为，加强现场管理，控制物和环境的不安全状态。

 想一想，论一论

案例5-9中发生的悲剧给了我们什么样的教训？在今后的工作中，我们应怎样预防此类事故的发生？

安全标语 ▶ 遵纪是安全的保证，违章是事故的根源。

习 题

一、填空题

1. 高炉休风操作中主要的安全问题是防止_____。

2. 高炉停炉常采用_____法。

3. 在一、二类煤气作业前，必须通知煤气防护站的人员，并要求至少有_____人以上进行作业。在一类煤气作业前，还须进行空气中_____含量的检验，并携带_____。

4. 炼钢的基本任务为_____、_____、_____、_____、_____。

5. 在转炉炼钢时，废钢入炉前要仔细检查，严防混入_____、_____；严防混入钢种成分限制的元素和铅、锌、铜等有色金属。

6. 轧机按用途分类有：初轧机和_____、_____（大、中、小和线材）、板带机、_____和其他特殊用途的轧机。

二、简答题

1. 为了维护好高炉铁口，我们应做好哪些工作？

2. 炼钢厂因为熔融物遇水爆炸的情况主要有哪些？

3. 在轧钢生产中，原料准备的安全技术有哪些？

第四节 非煤矿山安全防护技术

采矿工业是现代工业生产所需原材料和能源的基础工业，在富国强民的现代化建设的进程中，占有极其重要的地位。

与其他工业部门相比，矿山生产中的安全问题，历来是一个突出的问题。这是因为：矿山生产环境较差，在生产过程中会发生水、火、爆炸、冒顶等灾害及吊装设施断绳、设备掉井等设备事故；同时，还会产生各种有毒有害气体、放射性物质、粉尘，以及噪声、振动等危害。据统计，我国每年因各种事故死亡人数，道路交通居第一位，煤矿企业居第二位，非煤矿山企业紧随其后，居第三位。

一、露天矿山安全

（一）露天矿山安全的特点

露天矿在各国矿中占有较大的比重。露天开采与地下开采比较，具有许多优点：①机械化

程度高，设备大型化；②工作条件好，比较安全；③生产成本较低；④劳动生产率高。

露天开采的主要缺点：①基建投资大（购置设备和初期剥离费用高）；②受气候条件影响。

露天矿山的安全事故主要有：①滑坡事故；②电气事故；③交通事故；④水灾事故；⑤爆破事故。

（二）露天矿山安全的一般要求

露天矿山安全工作，应严格贯彻执行《露天矿山安全规程》，建立和健全安全机构，制定安全规章制度，拟定露天矿山安全措施，防止事故发生。

在选择矿山工业场地和居民区位置时，应避免山崩、泥石流、洪水淹没和矿尘、炮烟等灾害。

露天采场的工作台阶上、相邻阶段间及运输线路旁必须有人行通道，并应设置安全标志和照明。铁路道口及人行通道危险地段，应设立安全护栏。

露天矿的作业地点距离远、采场深，应配备运送人员的交通工具。自卸矿车或非载人架空索道的吊车不得乘坐人员。

废弃井巷、隐坑、泥浆池、水仓和疏干井等，均须加盖或设置栅栏，并设明显标志和照明。

在进入工作面前，应首先检查并处理大块浮石、残药盲炮和边坡；在发现滑坡征兆时，应停止在危险区作业，并及时处理。作业前应检查场地、设备、工具和防护设施，确认安全再开始作业。

（三）露天采矿作业方面的安全对策

露天采矿涉及的工艺较多，包括穿孔、采装、运输和排土四大生产工艺。露天采矿作业围绕这四大生产工艺的特点，重点放在消除或者减弱事故隐患上，以便采取有效的安全对策，并考虑以下几个方面的因素。

1. 穿孔

（1）钻机在沿台阶边缘行走时，机架突出部分距台阶外缘不得小于5m。

（2）钻车在通过高压线时，钻机最高部分与高压线的距离不得小于5m。

（3）钻车在通过坡道时，钻架必须回位，以防钻机倾倒。

（4）在钻孔时，钻机驾驶室距崖边最小距离不得小于1m。

（5）在落钻架时，钻架上下均不能站人。

（6）在机械、电气、风路系统安全控制装置失灵，以及除尘装置发生故障及损坏时，应立即停止作业，及时修理、维护和更换。

（7）牙轮钻应配置除尘设施。

（8）钻机夜间作业时，照明设施要完善。

（9）在钻机开始运行前，应检查机械周围是否有人和障碍物。

（10）加强操作者的安全技术知识培训，制定安全技术操作规程，提高操作者识别危险、有害因素的能力和防范突发事故的能力。

2. 采装

（1）在电铲调动时，应组织专门队伍专职调铲。

（2）在采装工作面出现伞岩时，禁止电铲正面作业。

（3）在电铲作业时，按规范操作，作业人员应佩戴个体保护用品。

（4）当电铲作业时，任何人不得在电铲悬臂和铲斗下面及工作面的底帮附近停留。在任何情况下，铲斗下都严禁站人。

（5）在电铲作业时，发现有悬浮岩块、塌陷征兆、瞎炮，必须停止作业，将电铲开到安全地带。

（6）每台电铲都应装有汽笛或警报器，在电铲作业时都应发出警告信号。

（7）加强工作面的除尘。

3. 装载站

（1）矿仓卸矿口应设车挡。

（2）在夜间作业时，卸矿口要确保照明。

（3）严禁超过规定尺寸的大块进入矿仓。

（4）转载站基础及结构设计和施工必须符合规范。

（5）转载列车严格对位，装车要均匀。

（6）转载站应采取合理的防尘措施。

4. 采场运输

（1）定期对采场汽车进行检修，确保运输车辆正常运行。

（2）在夜间作业时，采场内确保照明。

（3）采场列车线路应定期维护，出现事故隐患应及时排除。

（4）在设计和生产组织中，应尽量避免"汽铁"交叉，如实在不能避免时，应采取一定措施确保列车和汽车安全运行。

（5）养护工应经常巡查路段，采场固定坑线、排土场上山公路应设置栅栏与路标，及时清除路肩、边沟、水槽、天沟和排水沟中的积秽，及时维修凹凸路面。

（6）自卸翻斗汽车在翻斗升起与落下时不准人员靠近，翻斗操纵器除本司机外一律不准他人操纵，工作完毕应将操纵器放置于空档。

（7）汽车尾气应净化，路面应采取防尘、防滑措施。

（8）加强安全生产教育，严禁违章作业、违章调度、无证上岗、酒后行车。

（9）列车线路设计必须符合规范，铁路两侧的构筑物、堆物与铁路之间必须保持一定的安全距离，铁路线路养护要及时，预防线路弯曲、下沉、轨距扩大。

（10）均匀装车，严禁超重。

二、地下矿山安全

案例 5-10

某金矿位于当地镇政府南边。12 月 11 日早上，数十名群众趁矿山整治工作组全体人员开会之机，公开在白天挖通已炸封的三个洞口，涌入矿洞内乱采滥挖金矿，在抢挖金矿过程中，把原留有的五条矿柱挖掉，造成大面积的采空区。下午 14 时左右，偷挖金矿的一些群众发现顶板有掉泥和掉石头的现象，但此时，他们的注意力都集中在金矿之上，谁也没有想到一场致命的悲剧正在向自己迅速逼近。下午 15 时左右，轰然一声巨响，金矿发生了大面积塌方，正在洞内偷挖金矿的 23 人被埋在了洞中。

（一）地下矿山生产的特点

地下矿山开采，矿床类型和性质各不相同，地质情况千差万别，矿山生产随着客观条件的变化而变化，无一固定生产模式，开采技术条件千变万化，生产过程中工作面不断变化，因此生产中不安全因素增多，给地下矿山生产的发展和矿工的安全与健康带来了严重影响。与其他企业相比，地下矿山生产的特点是：①工作面空间小；②作业面不断变化；③作业环境差；④易燃易爆因素多；⑤岩石结构遭破坏，地压活动严重。

（二）地下矿山的一般安全要求

地下矿山的一般安全要求，在我国的《中华人民共和国矿山安全法》《金属非金属矿山安全规程（GB 16423—2020)》等法律、法规、规范中均明确规定。具体内容如下。

矿山建设工程的安全设施必须和主体工程同时设计、同时施工、同时投入生产和使用。矿山建设工程的设计文件必须符合矿山安全规程和行业技术规范。

拓展阅读：
金属非金属矿山安全规程

每个矿井必须有两个以上可以使行人通达地面的安全出口。每一中段到上一中段和各采区都必须至少有两个便于行人通行的安全出口，并同通往地面的安全出口相连通。

用竖井作为安全出口必须备有提升设备和梯子间。斜井的人行道，当采用轨道运输时，有效宽度不小于 1.2m。水平运输巷道的人行道，当采用机车运输时，有效宽度不小于 0.8m。在斜井和平巷中，运输设备之间，运输设备与支护之间的间隙，不应小于 0.3m。

矿山建设工程必须按照批准的设计文件施工。矿山使用有特殊安全要求的设备、器材、防护用品、安全检测仪表，必须符合有关标准。矿山企业必须对机电设备、防护装置、安全检测仪表定期机修。

每个矿井必须有合理的通风系统，井下空气质量和流量必须达到国家规定标准，并按规定进行检测。

一切井下人员下井前严禁喝酒，下井时必须携带照明灯具和佩戴安全防护用品。采掘作业前必须认真检查处理围岩浮石、拒爆事故、设备部件及风、水、电管线等。作业时思想集中，严格执行操作规程和安全技术规程。

（三）地下矿山安全措施

1. 自然灾害方面的安全措施

自然灾害主要包括地震、泥石流、山体滑坡、山崩、洪水水灾、雷击等。防止自然灾害主要考虑以下几个方面。

（1）地震设防烈度应按照国家编制的地震烈度区域划分，确定矿山所在地区的地震烈度。

（2）矿山工业用场地及居民区建筑物高度超过15m的，应设置避雷针或避雷带。

（3）对于山体滑坡、山崩、泥石流等有可能发生的地带，不设工业场地和居民住宅，主体工程应设置在该范围之外。

（4）矿山的主要工程标高，应高于当地最高洪水位1m以上。

2. 工业场地及其布置方面的安全措施

工业场地安全措施包括矿山工业场地选址、与周边区域生产设施的布局等，也是矿山设计中总图专业所要考虑的重要内容，应考虑以下几个方面因素。

（1）在建设项目施工前，要对工业场地进行工程地质勘察，验算地基的稳定性。确保考虑所选的井筒及其建（构）筑物，不受岩移、滑坡、滚石等危害。

（2）合理选取矿岩的移动角，井筒和主要地表建（构）筑物的位置应布置在矿岩移动带之外。

（3）井筒应设在稳固的岩层中，避免开凿在含水层、断层或断层破碎带、岩溶发育带；主要巷道应尽量避开含水构造（断裂、破碎带），且与含水构造要保持一定的安全距离。

（4）在保证安全的前提下，井口位置应便于布置各种建筑物、调车场、堆放场地和废石场，尽量不占或少占农田。

（5）回风井应布置在主导风向的下侧。出风口必须采取降尘措施，使排出的污风达到矿山安全标准、规程的要求。

（6）全矿（厂）生产设备按生产工艺流程顺序配置，生产作业线不交叉，采用短捷的运输线路、合理的储运方式。各生产设备点为操作人员留有足够的操作场地。

3. 地下采矿作业的安全措施

地下采矿作业涉及的危险有害因素较多。所以，应重点采取有效的安全对策措施，消除或者减弱事故隐患。一般应考虑以下因素。

（1）在矿山基建期间或基建结束后，应安排采矿方法试验。通过试验可以找到合适的采场结构参数、合理的开采顺序。

（2）应对采场进行安全检查（顶板稳固情况、安全出口等），然后方可作业。

（3）对于不稳固的采场顶板或掘进作业面，应采用喷锚、喷锚网等方法支护。

（4）天井、溜井等处应设明显标志、照明、护栏和盖板，及时封闭已结束回采的采场天井及溜井。

（5）加强顶板管理。顶板管理主要是对顶板的监测控制，就是应用各种手段和方法，对井下采矿过程中所形成的空间、围岩进行分析，掌握其变形、位移等的变化情况和规律，获得其大冒落前的各种征兆，以便制定相应的防范措施，保证作业人员和设备的安全。

（6）根据矿山的地质条件、岩石力学的参数，以及大量监测数据和经验，选择修正矿块的结构参数、回采顺序和爆破方式等，可控制地压活动，减少冒落的危害。

（7）根据采场结构、面积大小，结合地质构造，破碎带的位置、走向、矿石的品位高低等因素，在矿岩中选留合理形状的矿柱和岩柱，以控制地压活动，保护顶板。在矿岩中，必须保证矿柱和岩柱的尺寸、形状和直立度，应有专人检查，以保证其在整个利用期间的稳定性。

（8）及时处理采空区。

（9）应对矿柱进行应力、变形观测，当应力增加较大时，应编制与采矿计划相应的地压动态图。

（10）在矿房回采过程中，不得破坏顶板；在采用中深孔或深孔爆破时，应严格控制炮孔的方位和深度，不许穿透暂不回采的矿柱。

（11）认真编制采掘计划，保证合理的回采顺序，达到控制地压活动的目的。

（12）加强管理，健全各项制度，充分合理地配置人、财、物。

（13）加强矿山地质管理工作，深入井下，发现和收集整理地质构造、破碎带等的变化情况，以便指导矿山安全生产。

（14）对于采矿出现的陷坑、裂缝及可能出现的地表塌陷范围，要及时圈定，并设置标志和采取安全措施。

想一想，论一论

在案例 5-10 中，导致金矿塌方事故的主要原因是什么？在事故中伤亡群众忽视政府禁令和生产安全要求，肆无忌惮地上山偷挖金矿，导致事故的发生，应负这起事故的主要责任。除此之外，金矿的领导者在管理上存在漏洞、隐患，是否也要承担一定的责任？

三、矿山爆破事故的预防

1. 严格按照操作规程进行

爆破作业人员必须取得爆破员资格；各种爆破都必须编制爆破设计书或爆破说明书。设计书或说明书应有具体的爆破方法、爆破顺序、装药量、点火或连线方法、警戒安全措施等；在爆破过程中，必须撤离无关人员；严格遵守爆破作业的安全规程和安全操作细则。

2. 装药、充填

在装药前，必须对炮孔进行清理，使用竹木棍装药，禁止用铁棍装药。在装药时，禁止烟火、明火照明。在扩壶爆破时，每次扩壶装药的时间间隔必须大于 15min，预防炮眼温度太高导致早爆；除裸露爆破外，任何爆破都必须进行药室充填，填塞要十分小心，不得破坏起爆网络。

3. 设立警戒

爆破前必须同时发出声响和视觉信号，使危险区内的人员都能清楚地听到和看到；地下爆破应在相关的通道上设置岗哨，地面爆破应在危险区的边界设置岗哨，使所有通道都在监视之下，并撤走爆破危险区的全部人员。

4. 点火、连线、起爆

采用导火索起爆，应不少于两人进行，而且必须用导火索或专用点火器材点火。在单个爆破点火时，一人连续点火的根数，地下爆破不得超过 5 根，露天爆破不得超过 10 根。导火索的长度应保证点完导火索后，人员能撤至安全地点，但不得短于 1.2m。

在用电雷管起爆时，电雷管必须逐个导通，用于同一爆破网络的电雷管应为同厂同型号。在爆破主线与爆破电源连接之前，必须测全线路的总电阻值，总电阻值与实际计算值的误差须小于 ±5%，否则，禁止连接。大型爆破必须用复式起爆线路。在有煤尘和气体爆炸危险的矿井采用电力起爆时，只准使用防爆型起爆器作为起爆电源。

5. 爆后检查

爆破后，经过一段时间（露天爆破不少于 5min，地下爆破不少于 15min，还要通风吹散炮烟后），再确认爆破地点安全，经爆破指挥部或当班爆破班长同意，发出解除警戒信号，才允许人员进入爆破地点。

6. 盲炮处理

拒爆产生的盲炮包括瞎炮和残炮。发现盲炮和怀疑有盲炮，应立即报告并及时处理。若不能及时处理，应设明显的标志，并采取相应的安全措施，禁止掏出或拉出起爆药包，严禁打残眼。盲炮的处理主要有下列方法。

（1）经检查确认炮孔的起爆线路完好，因漏接或漏点火造成的拒爆，可重新进行起爆。

（2）打平行眼装药起爆。浅眼爆破，平行眼距盲炮孔不得小于 0.3m；深孔爆破，平行眼距盲炮孔不得小于 10 倍炮孔直径。

（3）用木制、竹制或其他不发火的材料制成的工具，轻轻地将炮孔内大部分填塞物掏出，用聚能药包诱爆。

（4）若所用炸药为非抗水硝铵类炸药，可取出部分填塞物，向孔内灌水，使炸药失效。

四、矿山火灾预防技术

（一）外因火灾的预防

1. 地面火灾

对于矿山地面火灾，应遵照中华人民共和国公安部关于火灾、重大火灾和特大火灾的规定进行统计报告。应遵守《中华人民共和国消防法》和当地消防机关的要求，对各类建筑物、油库、材料场和炸药库、仓库等建立防火制度，完善防火措施，配备足够的消防器材。各厂房和建筑物之间，要建立消防通道。消防通道上不得堆积各种物料，以利于消防车辆通行。矿山地面必须结合生活供水管道设计地面消防水管系统，井下则结合作业供水管道设计消防水管系统。水池的容积和管道的规格应考虑两者的用水量。

2. 井下火灾

井下火灾的预防应按照《金属非金属矿山安全规程（GB 16423—2020）》有关条款的要求，由安全部门组织实施。内燃自行设备通行频繁的主要斜坡道和主要平硐、燃油储存硐室和加油站、主要中段井底车场和无轨设备维修硐室应设消火栓。有人员和设备通行的主要进风巷道、进风井井口建筑、主要通风机房和压入式辅助通风机房、风硐及暖风道，人员提升竖井的马头门、井底车场、变压器室、变配电所、电机车库、维修硐室、破碎硐室、带式输送机驱动站等主要机电设备硐室、油库和加油站、爆破器材库、材料库、避灾硐室、休息或排班硐室等应配置灭火器；每个灭火器配置点的灭火器数量不少于2具，灭火器应能扑灭150m范围内的初始火源。井口和平硐口50m范围内的建筑物内不得存放燃油、油脂或其他可燃材料。

3. 预防明火引起火灾的措施

为防止在井口发生火灾和污浊风流，禁止用明火或火炉直接接触的方法加热井内空气，也不准用明火烤热井口冻结的管道；井下使用过的废油、棉纱、布头、油毡、蜡纸等易燃物应放入盖严的铁桶内，并及时运至地面集中处理；在大爆破作业过程中，要加强对电石灯、吸烟等明火的管制，防止明火与炸药及其包装材料接触引起燃烧、爆炸；不得在井下点燃蜡纸照明，更不准在井下用木材生火取暖。

4. 预防焊接作业引起火灾的措施

在井口建筑物内或井下从事焊接或切割作业时，要严格按照安全规程执行和报总工程师批准，并制定出相应的防火措施；必须在井筒内进行焊接作业时，须派专人监护防火工作，焊接完毕后，应严格检查和清理现场；在木材支护的井筒内进行焊接作业时，必须在作业部位的下面设置接收火星、铁渣的设施，并派专人喷水淋湿，及时扑灭火星；在井口或井筒内进行焊接作业时，应停止井筒中的其他作业，必要时设置信号与井口联系以确保安全。

5. 预防爆破作业引起的火灾

对于存在硫化矿尘燃烧、爆炸危险的矿山，应限制一次装药量，并填塞好炮泥，以防止矿

144 安全标语 ▶ 矿山防火，不容忽视。

石过分破碎和爆破时喷出明火，并且在爆破过程中和爆破后应采取喷雾洒水等降尘措施；对于一般金属矿山，要按《爆破安全规程（GB 6722—2014）》的要求，严格对炸药库照明和防潮设施进行检查，应防止工作照明线路短路和产生电火花而引燃炸药，造成火灾；无论在露天台阶爆破或井下爆破作业，均不得使用在黄铁矿中钻孔时所产生的粉末作为填塞炮孔的材料；在大爆破作业时，应认真检查运药路线，以防止电气短路、顶板冒落、明火等原因引燃炸药，造成火灾、中毒、爆炸事故；爆破后要进行有效的通风，防止可燃性气体局部积聚，达到燃烧或爆炸极限，引起烧伤或爆炸事故。

6. 预防电气方面引起的火灾

井下禁止使用电热器和灯泡取暖、防潮和烤物，以防止热量积聚而引燃可燃物造成火灾；正确地选择、装配和使用电气设备及电缆，以防止发生短路和过负荷。注意电路中接触不良，电阻增加发热现象；正确进行线路连接、插头连接、电缆连接、灯头连接等；井下输电线路和直流回馈线路，在通过木质井框、井架和易燃材料的场所时，必须采取有效的防止漏电或短路的措施；变压器、控制器等用油，在倒入前必须很好地除湿、清除杂质，并按有关规程与标准采样，进行理化性质试验，以防引起电气火灾；严禁将易燃易爆器材存放在电缆接头、铁道接头、临时照明线灯头接头或接地极附近，以免因电火花引起火灾。矿井每年应编制防火计划，该计划的内容包括防火措施、撤出人员和抢救遇难人员的路线，扑灭火灾的措施，调度风流的措施，各级人员的职责等。防火计划要根据采掘计划、通风系统和安全出口的变动及时修改。矿山应规定专门的火灾信号，当井下发生火灾时，能够迅速通知各工作地点的所有人员及时撤出灾险区。安装在井口及井下人员集中地点的信号，应声光兼备。当井下发生火灾进行风流的调度时，主要通风机继续运转或反风，应根据防火计划和具体情况做出正确判断，由安全部门和总工程师决定。离城市 15km 以上的大型、中型矿山，应成立专职消防队，小型矿山应有兼职消防队，有自然发火可能的矿山或有瓦斯的矿山应成立专职矿山救护队。救护队必须配备一定数量的救护设备和器材，并定期进行训练和演习，对工人也应定期进行自救教育和自救互救训练。

（二）内因火灾

1. 内因火灾发生前的征兆

能尽早而又准确地识别矿井内因火灾的初期征兆，对于防止火灾的发生和及时扑灭火灾都具有重要的意义。

井下初期内因火灾可以从以下几个方面进行识别。

（1）火灾孕育期的外部征兆。

（2）矿内空气成分。

（3）矿内空气和矿岩石温度。

（4）矿井水的成分。

2. 内因火灾的预防方法

（1）预防内因火灾的管理原则：有自然发火可能的矿山，地质部门向设计部门提交的地质报告中必须有"矿岩自燃倾向性判定"内容；贯彻以防为主的精神，在采矿设计中必须采取相应的防火措施；各矿山在编制采掘计划的同时，必须编制防灭火计划；有自然发火可能的矿山，应尽可能掌握各种矿岩的发火期，采取加快回采速度的强化开采措施，每个采场或盘区争取在发火期前采完。但是，由于发火机理复杂，影响因素多，实际上很难掌握矿岩的发火期。

（2）开采方法方面的防火措施。对开采方法方面的防火要求是：务必使矿岩在空间上和时间上尽可能少受空气氧化作用以及万一出现自热区时易于将其封闭。主要措施有：采用脉外巷道进行开拓和采准，以便易于迅速隔离任何发火采区；制定合理的回采顺序。当矿石有自燃倾向时，必须考虑下述因素：矿石的损失量及其集中程度；遗留在采空区中的木材量及其分布情况；对采空区封闭的可能性及其封闭的严密性；提高回采强度，严格控制一次崩矿量。其中前两个因素和回采强度以及控制崩矿量尤为重要；在经济合理的前提下，尽量采用充填采矿法。此外，及时从采场清除粉矿堆，加强顶板和采空区的管理工作也是值得注意的。

（3）矿井通风方面的防火措施。实践表明，内因火灾的发生往往在通风系统紊乱、漏风量大的矿井里较为严重。所以有自燃危险的矿井的通风必须符合下列要求。

应采用通风机通风，不能采用自然通风，而且通风机风压的大小应保证使不稳定的自然风压不发生不利影响；应使用防腐风机和具有反风装置的主要通风机，并须经常检查和试验反风装置及井下风门对反风的适应性。

结合开拓方法和回采顺序，选择合理的通风网路和通风方式，以减少漏风；各工作采区尽可能采用独立风流的并联通风，以便降低矿井总风压。减少漏风量以便调节和控制风流。实践证明，有自燃倾向的矿井采用压抽混合式通风方式较好。

加强通风系统和通风构筑物的检查和管理，注意降低有漏风地点的巷道风压；严防向采空区漏风；提高各种密闭设施的质量。

为了调节通风网路而安装风窗、风门、密闭和辅助通风机时，应将它们安装在地压较小、巷道周壁无裂缝的位置，同时还应密切注意有了这些通风设施以后，是否会使本来稳定且对防火有利的通风网路变为对通风不利。

采取措施，尽量降低进风风流的温度，做法有：在总进风道中设置喷雾水幕；利用脉外巷道的吸热作用，降低进风风流的温度。

（4）封闭采空区或局部充填隔离。本方法的实质是将可能发生自燃的地区封闭，隔绝空气进入，以防止氧化。对于矿柱的裂缝，一般用泥浆堵塞其入口和出口，而对采空区除堵塞裂缝外，还在通达采空区的巷道口上建立密闭墙。密闭墙用井下片石、块石代替砖或用沙袋垒砌。井下密闭墙按其作用分为临时的和永久的两种。

必须指出，用密闭墙封闭采空区以后，要经常进行检查和观测防火的情况、漏入风量、密闭区内的空气温度和空气成分。由于任何密闭墙都不能绝对严密，因而必须设法降低密闭区的进风侧和回风侧之间的风压差。当发现密闭区内仍有增温现象时，应向其内注入泥浆或其他灭火材料。

（5）黄泥注浆。向可能发生和已经发生内因火灾的采空区注入泥浆是一个主要的有效的预防和扑灭内因火灾的方法。这一方法的防火作用在于：隔断了矿岩、木料同空气的接触，防止氧化；加强了采空区密闭的严密性，减少漏风；如果矿岩已经自热或自燃，泥浆起冷却作用，降低密闭区内的温度，阻止自燃过程的继续发展。

（6）阻化剂防灭火。阻化剂防灭火是采用一种或几种物质的溶液或乳浊液喷洒在矿柱、矿堆上或注入采空区等易于自燃或已经自燃的地点，降低硫化矿石的氧化能力，抑制氧化过程。这种方法对缺土、缺水矿区的防灭火有重要的现实意义。

五、矿山水灾预防技术

（一）地面防排水

地面防排水是指为防止大气降水和地表水补给矿区含水层或直接渗入井下而采取的各种防排水技术措施。

它是减少矿井涌水量，保证矿山安全生产的第一道防线，主要有挖沟排（截）洪、矿区地面防渗、修筑防水堤坝和整治河道等。

1. 挖沟排（截）洪

位于山麓和山前平原区的矿区，若有大气降水顺坡汇流涌入露天采场、矿床疏干塌陷区、坑采崩落区、工业广场等低凹处，造成局部地区淹没，或沿充水岩层露头区、构造破碎带甚至井口渗（灌）入井下时，则必须在矿区上方、垂直来水方向修筑沟渠，拦截山洪。排（截）洪沟通常沿地形等高线布置，并按一定的坡度将水排出矿区范围。

2. 矿区地面防渗

矿区含水层露头区、疏干塌陷区、采矿引起的开裂或陷落区、老窑，以及未封密钻孔等位于地面汇流积水区内，并且产生严重渗漏，将对矿井安全构成威胁。矿区内池塘渗漏严重，对矿井安全或露采场边坡稳定不利时，应采取地面防渗措施，主要如下。

（1）对于产生渗漏但未发生塌陷的地段，可用黏土或亚黏土铺盖夯实，其厚度0.5~1m，以不再渗漏为度。

（2）对于较大的塌陷坑和裂缝等充水通道，通常是下部用块石充填，上部用黏土夯实，并且使其高出地面约0.3m，以防自然密实后重新下沉积水。

（3）对于底部露出基岩的开口塌洞（溶洞、宽大裂缝），则应先在洞底铺设支架（如用废钢轨、废钢管等），然后用混凝土或钢筋混凝土将洞口封死，再在其上回填土石。当回填至地面附近时，改用0.8m黏土分层夯实，并使其高出地面约0.3m。

（4）对于矿区某些范围较大的低洼区，在不易填堵时，则可考虑在适当部位设置移动泵站，排除积水，以防内涝。对于矿区内较大的地表水体，应尽量设法截源引流，防渗堵漏，以减少

地表水下渗量。

3. 修筑防水堤坝

当矿区井口低于当地历史最高洪水位，或矿区主要充水岩层埋藏在近河流地段，且河床下为隔水层时，应筑堤截流。

4. 整治河道

矿区或其附近有河流通过，并且渗漏严重，威胁矿井生产时，应采取措施整治河道。河道防渗处理措施有：防渗铺盖、防渗渡槽、河道修直和河流改道。

（二）井下防水

矿山采掘活动总会直接或间接破坏含水层，引起地下水涌入矿坑，从此种意义上讲，矿坑充水难以避免。但是，防止矿坑突水，尽量减少矿坑涌水量，以保证矿井正常生产是必须做到的。井下防水就是为此目的而采取的技术措施。根据矿床水文地质条件和采掘工作的要求不同，井下防水措施也不同，如超前探放水、留设防水矿（岩）柱、构筑水闸门（墙），以及注浆堵水等。

1. 超前探放水

超前探放水是指在水文地质条件复杂地段施工井巷时，先掘进，然后在坑内钻探以查明工作面前方水情，为消除隐患、保障安全而采取的井下防水措施。

"有疑必探，先探后掘"是矿山采掘施工中必须坚持的管理原则。通常在遇到下列情况时，都必须进行超前探水。

（1）掘进工作面临近老窑、老采空区、暗河、流沙层、淹没井等部位时。

（2）巷道接近富水断层时。

（3）巷道接近或需要穿过强含水层（带）时。

（4）巷道接近孤立或悬挂的地下水体预测区时。

（5）掘进工作面上出现发雾、冒"汗"、滴水、淋水、喷水、水响等明显出水征兆时。

（6）巷道接近尚未固结的尾砂充填采空区、未封闭或封闭不良的导水钻孔时。

2. 留设防水矿（岩）柱

在矿体与含水层（带）接触地段，为防止井巷或采空空间突水危害，留设一定宽度（或高度）的矿（岩）体不采，以堵截水源流入矿井，这部分矿岩体称为防水矿（岩）柱（以下简称矿柱）。通常在下列情况下，应考虑留设防水矿柱。

（1）矿体埋藏于地表水体、松散孔隙含水层之下，采用其他防治水措施不经济时，应留设防水矿柱，以保障矿体采动裂隙不波及地表水体或上覆含水层。

（2）当矿体上覆强含水层时，应留设防水矿柱，以免因采矿破坏引起突水。

（3）因断层作用，使矿体直接与强含水层接触时，应留设防水矿柱，防止地下水涌入井巷。

（4）当矿体与导水断层接触时，应留设防水矿柱，阻止地下水沿断层涌入井巷。

（5）当井巷遇有底板高水头承压含水层，且有底板突破危险时，应留设防水矿柱，防止井巷突水。

(6) 当采掘工作面邻近积水老窑、淹没井时，应留设防水矿柱，以阻隔水源突入井巷。

3. 构筑水闸门（墙）

水闸门（墙）是为预防突水淹井，将水害控制在一定范围内而构筑的特殊闸门（墙），是一种重要的井下堵截水措施。水闸门（墙）分为临时性的和永久性的两种。

为了确保水闸门（墙）起到堵截涌水的作用，其构筑位置的选择应注意以下几点。

(1) 水闸门（墙）应构筑在井下重要设施的出入口处，以及对水害具有控制作用的部位，目的在于尽量限制水害范围，使其他无水害区段能保持正常生产，或者有复井生产和绕过水害地段开拓新区的可能。

(2) 水闸门（墙）应设置在致密坚硬、完整稳定的岩石中。如果无法避开松软、裂隙岩石，则应采取工程措施，使闸体与围岩构成坚实的整体，以免漏水甚至变形移位。

(3) 水闸门（墙）所在位置不受邻近部位和下部阶段采掘作业的影响，以确保其稳定性和隔水性。

(4) 水闸门（墙）应尽量构筑在单轨巷道内，以减少其基础掘进工程量，并缩小水闸门的尺寸。

(5) 在确定水闸门（墙）位置时，还需要考虑到以后开、关、维修的便利和安全。

4. 注浆堵水

注浆堵水是指将注浆材料（水泥、水玻璃、化学材料，以及黏土、砂、砾石等）制成浆液，压入地下预定位置，使其扩张固结、硬化，起到堵水截流，加固岩层和消除水患的作用。

注浆堵水是防治矿井水害的有效手段之一，当前国内外已广泛应用于：井筒开凿及成井后的注浆；截源堵水；减少矿坑涌水量；封堵充水通道恢复被淹矿井或采区；巷道注浆，保障井巷穿越含水层（带）等。

注浆堵水在矿山生产中的应用方法有以下5种。

(1) 井筒注浆堵水。在矿山基建开拓阶段，井筒开凿必将破坏含水层。为了顺利通过含水层，或者成井后防治井壁漏水，可采用注浆堵水方法。按注浆施工与井筒施工的时间关系，井筒注浆堵水又可分为：井筒地面预注浆、井筒工作面预注浆、井筒井壁注浆。

(2) 巷道注浆。当巷道需要穿越裂隙发育、富水性强的含水层时，则巷道掘进可与探放水作业配合进行，将探放水孔兼作注浆孔，埋没孔口管后进行注浆堵水，从而封闭了岩石裂隙或破碎带等充水通道，减少矿坑涌水量，使掘进作业条件得到改善，掘进工效大为提高。

(3) 注浆升压。控制矿坑涌水量。当矿体有稳定的隔水顶底板存在时，可用注浆封堵井下突水点，并埋没孔口管、安装闸阀的方法，将地下水封闭在含水层中。当含水层中水压升高，接近顶底板隔水层抗水压的临界值时（通常用突水系数表征），则可开阀放水降压；当需要减少矿井涌水量时（雨季、隔水顶底板远未达到突水临界位、排水系统出现故障等），则关闭闸阀，升压蓄水，使大量地下水被封闭在含水层中，促使地下水位回升，缩小疏干半径，从而降低矿井排水量，可以防止地面塌陷等有害工程地质现象的发生。

（4）恢复被淹矿井。当矿井或采区被淹没后，采用注浆堵水方法复井生产是行之有效的措施之一。注浆效果好坏的关键在于找准矿井或采区突水通道位置和充水水源。

（5）帷幕注浆。对具有丰富补给水源的大水矿区，为了减少矿坑涌水量，保障井下安全生产，可在矿区主要进水通道建造地下注浆帷幕，切断充水通道，将地下水堵截在矿之外。这种方法不仅可以减少矿坑涌水量，又可以避免矿区地面塌陷等工程地质问题的发生，因此具有良好的发展前景。但是帷幕注浆工程量大，基建投资多，因此使用该方法防治地下水应十分谨慎。

习 题

一、填空题

1. 露天矿山的安全事故主要是_____事故、_____事故、_____事故、_____事故、_____事故。

2. 用竖井作为安全出口必须备有_____设备和_____。斜井的人行道，当采用轨道运输时，有效宽度不小于_____m。

3. 地面防排水是指为防止_____降水和_____水补给矿区含水层或直接渗入井下而采取的各种防排水技术措施。

4. 发现盲炮和怀疑有盲炮，应立即_____并及时处理。若不能及时处理，应设明显的_____，并采取相应的_____，禁止掏出或拉出起爆药包，严禁_____。

二、简答题

1. 露天矿山安全的特点有哪些？
2. 预防内因火灾的管理原则有哪些？
3. 矿区地面防渗措施主要有哪些？

拓展习题：职业安全技术

复习题

1. 简述在检修设备时应该如何保证用电安全。
2. 简述触电的现场急救方法。
3. 冲压加工的特点及安全注意事项有哪些？
4. 简述眼睛受伤急救。
5. 高炉休风的安全措施有哪些？
6. 在炼钢生产中，为了维护氧枪系统的安全，要注意做到哪几个方面的工作？
7. 矿山地下采矿涉及的危险有害因素较多。应重点采取有效的安全措施，消除或者减弱安全隐患。一般应考虑哪些因素？

安全标语 ▶ 规范操作，避免水害事故。

第六章　个体防护用品管理与使用

本章学习要点

- 掌握个体防护用品的作用及分类。
- 了解个体防护用品的质量要求。
- 能合理使用个体防护用品。

个体防护用品（又称劳动防护用品）是劳动者在劳动中为抵御物理、化学、生物等外界因素伤害人体而穿戴和配备的各种物品的总称。尽管在生产劳动过程中采用了多种安全防护措施，但由于条件限制，仍会存在一些不安全、不卫生的因素，对操作人员的安全和健康构成威胁。因此，个体防护用品就成为保护劳动者的最后一道防线。

第一节 个体防护用品概述

案例 6-1　1 月 23 日 16 时 50 分左右，某厂天车检修工王某未按工种要求穿工作服，而是穿便装未系衣扣上岗。当他在 5 号天车上紧固大车减速机的地脚螺栓时，没有按检修规程的规定在天车两侧设立警示信号。当 4 号天车因工作需要驶来时，王某及天车工没有及时通知 4 号天车工停车，于是 4 号天车便推动 5 号天车运行。此时，王某未系扣的上衣衣角搭在天车传动轴齿轮上。随着天车的运转，王某的上衣被齿轮紧紧绞住，将王某的颈部软骨绞碎，经抢救无效死亡。

一、对个体防护用品的基本认识

对个体防护用品的使用，应有以下几点基本认识。

1. 个体防护用品只是一种辅助性的安全措施

个体防护用品在一定程度上只能延缓或减轻有害因素对人体安全、健康的伤害，要从根本上解决安全方面存在的问题，应从加强安全管理、实现生产设备及作业环境的安全上着手。

2. 根据实际需要发放个体防护用品

应当根据实现安全生产、防止职业性伤害的实际需要，按照不同工种、不同劳动条件，制定发放个体防护用品的标准，使发放个体防护用品在种类、数量、性能上与实际需要相适宜，

　安全标语 ▶ 　　　　安全知识要知道，劳保用品要戴好。

物尽其用，不致造成资金和物资的浪费。

3. 个体防护用品不是生活福利待遇

有很多职工，包括一些领导，都将个体防护用品误认为是生活福利待遇，多多益善，以致盲目提高发放标准，或者片面追求样式，使个体防护用品失去了应有的保护作用。

4. 保证质量，安全可靠

对于生产中必不可少的特殊个体防护用品，如安全帽、安全带、绝缘护品、防尘防毒面具等，必须根据特定工种的要求配备齐全，保证质量，并建立定期检验制度，不合格的、失效的一律不准使用。另外，在一些特定的作业场所中，要注意个体防护用品的适用性，如在易燃易爆、有烧灼和静电发生的场所，严禁职工穿用化纤类防护用品。

二、个体防护用品的分类

（一）按照用途分类

（1）以防止伤亡事故为目的的安全防护用品，主要包括以下几种：

1）防坠落用品，如安全带、安全网等。

2）防冲击用品，如安全帽、防冲击护目镜等。

3）防触电用品，如绝缘服、绝缘鞋、等电位工作服等。

4）防机械外伤用品，如防刺、割、绞碾、磨损防护服、鞋、手套等。

5）防酸碱用品，如耐酸碱手套、防护服和靴等。

6）耐油用品，如耐油防护服、鞋和靴等。

7）防水用品，如胶质工作服、雨衣、雨鞋和雨靴防水保险手套等。

8）防寒用品，如防寒服、鞋、帽、手套等。

（2）以预防职业病为目的的劳动卫生防护用品，主要包括以下几种：

1）防尘用品，如防尘口罩、防尘服等。

2）防毒用品，如防毒面具、防毒服等。

3）防放射性用品，如防放射线服、铅玻璃眼镜等。

4）防热辐射用品，如隔热防火服、防辐射隔热面罩和手套、有机防护眼镜等。

5）防噪声用品，如耳塞、耳罩、耳帽等。

（二）按人体防护部位分类

根据《劳动防护用品分类与代码（LD/T 75—1995）》的规定，我国实行以人体防护部位的分类标准，将个体防护用品分为9类。

1. 头部防护用品

头部防护用品是为了防御头部不受外来物体打击或其他因素危害而配备的个人防护装备，

包括安全帽、防尘帽、防寒帽等 9 类产品。安全帽是防护头部不受外来物体打击的一种主要的个体防护用品，其防护原理是采用一定强度的帽壳、帽衬材料和缓冲结构，以承受和分散坠落物的瞬间冲击力。它应具备冲击吸收性能、耐穿刺性能及一些特殊技术性能要求，如炉前作业要求阻燃性能，坑道作业要求倾向刚性，易燃易爆场所要求抗静电性能等。安全帽的使用寿命在 3 年左右，过长时间地暴露在紫外线或者受到反复冲击，其寿命还会缩短，如图 6-1 所示。

图 6-1　安全帽

2. 呼吸器官防护用品

呼吸器官防护用品是为了防御有害物质从呼吸道吸入，或直接向使用者供氧或新鲜空气，以保证在尘、毒污染或缺氧环境中作业人员能正常呼吸的防护用品。按防护功能，它可分为两类：一类是过滤呼吸保护器，它可去除污染使空气净化，如防尘口罩、防毒面具等；另一类是供气式呼吸保护器，它可向佩戴者提供洁净的空气，如压缩空气呼吸器等。

3. 眼（面）部防护用品

眼（面）部防护用品是为了预防烟、尘、金属火花及飞屑、热、电磁辐射、化学品飞溅等伤害眼睛或面部的防护用品。根据防护功能，它大致可分为防尘、防水、防强光等 9 类。目前，我国生产和使用较为普遍的有三种：焊接护目镜及面罩，其作用是防止非电离辐射、金属火花和烟尘等危害；炉窑护目镜，其作用是预防炉口、窑口辐射出的红外线和少量可见光、紫外线对眼睛的危害；防冲击眼护具，其作用是预防铁屑、灰砂、碎石等外来物对眼睛的冲击伤害。

4. 听觉器官防护用品

听觉器官防护用品是为了预防噪声对人体引起的不良影响的防护用品。它主要有三类：一类是置于耳道内的耳塞，使用时要特别注意耳塞的清洁问题及耳塞与使用者耳道的匹配问题；另一类是置于耳外的耳罩，使用时要顺着耳形戴好，并注意检查罩壳有无裂纹和漏气现象，防震耳罩如图 6-2 所示；第三类是覆盖于头部的防噪声头盔，一般有软式（如航空帽）和硬式两种。

图 6-2　防震耳罩

5. 手部防护用品

手部防护用品通常称为劳动防护手套，具有保护手和手臂的作用。按照防护功能，它可分为一般防护手套、防酸碱手套、防寒手套、绝缘手套、防高温手套等 12 类。在使用时，要考虑到舒适、灵活的要求和防高温的需要及可能用其抓起的物件种类的需要等，还要考虑使用者遇到的危险因素，如是否存在被卷到机器中去的危险。防护手套如图 6-3 所示。

6. 足部防护用品

足部防护用品通常称为劳动防护鞋，是防止生产劳动过程中有害物质或外逸能量损伤劳动者足部的防护用品。按照功能，它可分为防水鞋、防寒鞋、防酸碱鞋、电绝缘鞋等 13 类。根据防

安全标语 ▶ 　　防护用品要合格，安全健康有保障。

护鞋功能的需要，所有防护鞋都应满足如下要求：防护鞋外底必须具有防滑块；鞋后跟应具有适宜的高度；鞋帮材料要耐磨且透湿性好；鞋后跟具有缓冲性，能瞬间吸收能量，如图6-4所示。

7. 躯干防护用品

躯干防护用品即防护服，按照防护功能分为普通防护服、防水服、防寒服、阻燃服、防电磁辐射服等14类。防护服的主要功能是有效地保护劳动者免受劳动环境中的物理、化学和生物等因素的伤害。防护服除安全可靠，适合作业场所的需要外，还要舒适大方，适合行业特点。

图 6-3　防护手套

图 6-4　防护鞋

8. 护肤用品

护肤用品用于防止皮肤外露部分（主要是面、手）受到化学、物理等因素（如酸碱溶液、漆类、紫外线、微生物等）的侵害。护肤用品一般是在整个劳动过程中使用，上岗时涂抹，下班后清洗，可起到一定的隔离作用。按照防护功能，它可分为防晒、防射线、防油、防酸、防碱等类。

9. 防坠落及其他劳动防护用品

防坠落及其他劳动防护用品包括防高温、防坠落、水上救生、电绝缘、防滑等防护用品。防坠落用品是为了防止作业人员从高处坠落的防护用品，主要有安全带和安全网两种。

 想一想，论一论

在案例6-1中，什么原因导致天车工王某死亡的？他本人有何责任？个体防护用品能不能从根本上避免危害的发生？

习　题

简答题

1. 个体防护用品是不是职工的福利待遇，为什么？

2. 按照用途的不同，个体防护用品可以分为哪几类？

3. 根据《劳动防护用品分类与代码》的规定，我国实行以人体防护部位的分类标准，将个体防护用品分为哪几类？

第二节 对个体防护用品的要求

一、对个体防护用品的质量要求

防护用品质量的优劣直接关系到职工的安全与健康，必须经过有关部门核发生产许可证和产品合格证。其基本要求如下。

（1）严格保证质量。

（2）所选用的材料必须符合要求，不能对人体构成新的危害。

（3）使用方便舒适，不影响正常操作。

二、对个体防护用品的发放要求

《安全生产法》规定："生产经营单位必须为从业人员提供符合国家标准或者行业标准的劳动保护用品，并监督、教育从业人员按照使用规则佩戴、使用。"《职业病防治法》规定："用人单位必须采用有效的职业病防护设施，并为劳动者提供个人使用的职业病防护用品。"据此，企业应当按照有关标准、按照不同工种和不同劳动条件，给职工发放个体劳动防护用品，不得以货币或其他用品代替。

企业应制定个体防护用品的发放标准，其基本原则如下。

（1）根据单位经济实力，实事求是，做到"公正、公平、公开"。

（2）根据生产装置的岗位进行划分，等级不要繁杂。

制定新建装置防护用品发放标准的工作步骤如下：

1）调查岗位现存职业危害因素的种类及其程度。

2）根据国家标准或行业标准，或类似装置岗位的防护用品发放标准。

3）按照上述两项内容，制定出新装置各岗位的发放标准。

4）在装置正常开车后半年，进行一次核定。

习　题

简答题

1. 对个体防护用品的质量要求有哪些？

2. 企业发放个体防护用品的基本原则有哪些？

安全标语 ▶ 　　　　防护用品是生命线，不可或缺。

第三节　合理使用个体防护用品

案例 6-2　2月20日上午，某电厂5、6号机组续建工程现场，屋面压型钢板安装班组5名工人张某、罗某、贺某、刘某、代某在6号主厂房屋面板安装压型钢板，5人均未系安全带。在施工中未按要求对压型钢板进行锚固，即向外安装钢板，在安装推动过程中，压型钢板两端（张某、罗某、贺某在一端，刘某、代某在另一端）用力不均，致使钢板一侧突然向外滑移，带动张某、罗某、贺某3人失稳坠落至三层平台死亡，坠落高度19.4m。

案例 6-3　某纺织厂一名女工，没有遵守岗位作业要求，把纱巾围到领子里上岗作业。当她在接线时，纱巾的末端嵌入平时没有注意的梳毛机轴承细缝里使纱巾被绞，以致该员工的脖子被猛地勒在纺纱机上，结果窒息死亡。

一、正确选用和坚持使用个体防护用品

根据工作场所中的危害因素及其危害程度，正确、合理地选用防护用品，并养成凡上岗作业即按要求穿戴防护用品的良好习惯。在生产设备和作业环境尚未实现本质安全的情况下，个体防护用品仍不失为减少事故、减轻伤害程度的一种有效措施。但由于设计或制作的原因，一些个体防护用品穿戴后会使人感到不舒适、不灵活，有的很笨重，使职工不愿穿戴；还有的职工怕麻烦，觉得穿不穿无所谓。因此，班组长要认真做好宣传教育工作，使职工真正认识到个体防护用品对保障安全和健康的重要作用，自觉地按照规定穿戴个体防护用品。

二、通过教育培训，使职工做到"三会"

"三会"即会检查护品的安全可靠性、会正确使用护品、会维护保养护品。首先，个体防护用品的质量对使用者来说至关重要，有时甚至性命攸关。例如，安全带在使用中发生断裂，后果是不堪设想的。因此，职工必须掌握所使用的防护用品的性能、要求，并能发现存在的缺陷和质量问题，保证其使用安全。其次，个体防护用品使用正确与否，直接影响到能否发挥其应有的作用。因此，职工必须了解护品正确的使用方法和注意事项，避免在工作中遭受不应有的伤害。再次，要掌握防护用品维护和保养的方法，特别是对安全帽、安全带等一些

特殊防护用品，要定期检查和保养，保持其良好性能。

三、个体防护用品的使用常识

（一）头部防护用品及其使用常识

在工伤、交通死亡事故中，因头部受伤致死的比例最高，大约占死亡总数的35.5%，其中因坠落物撞击致死的为首，其次是交通事故。使用安全帽能够避免或减轻上述伤害。

据有关部门统计，在坠落物撞击致伤的人数中有15%是因使用安全帽不当造成的。所以不能以为戴上安全帽就能保护头部免受冲击伤害。在实际工作中还应了解和做到以下几点。

（1）任何人进入生产现场或在厂区内外从事生产和劳动时，必须戴安全帽（国家或行业有特殊规定的除外；特殊作业或劳动，采取措施后可保证人员头部不受伤害并经过安监部门批准的除外）。

（2）在戴安全帽时，必须系紧安全帽带，保证各种状态下不脱落；安全帽的帽檐，必须与目视方向一致，不得歪戴或斜戴。

（3）不能私自拆卸帽上的部件和调整帽衬的尺寸，以保持垂直间距和水平间距符合有关规定值，用来预防冲击后触顶造成的人身伤害。

（4）严禁在帽衬上放任何物品，严禁随意改变安全帽的任何结构，严禁用安全帽充当器皿使用，严禁用安全帽当板凳使用。

（5）安全帽必须有说明书，并指明使用场所以供作业人员合理使用。

（6）应经常保持帽衬清洁，不干净时可用肥皂水和清水冲洗。用完后不能放置在酸碱、高温、潮湿和有化学溶剂的场所。

（7）使用中受过较大冲击的安全帽不能继续使用。

（8）若帽壳、帽衬老化或损坏，降低了耐冲击和耐穿透性能，不得继续使用，要更换新帽。

（9）防静电安全帽不能作为电业用安全帽使用。

（10）安全帽从购入时算起，植物帽一年半、塑料帽不超过两年、层压帽和玻璃钢帽两年半、橡胶帽和防寒帽三年、乘车安全帽三年半使用有效。上述各类安全帽超过其一般使用期限易老化，丧失防护性能。

（二）呼吸器官防护用品及其使用常识

呼吸器官防护用品主要有防尘口罩、面罩和防毒口罩、面具。

1. 防尘口罩、面罩的使用

（1）作业场所除粉尘外，还伴有有毒的雾、烟、气体或空气中氧含量不足18%时，应选用隔离式防尘用具，禁止使用过滤式防尘用具。

（2）淋水、湿式作业场所，选用的防尘用具应带有防水装置。

（3）劳动强度大的作业，应选用吸气阻力小的防尘用具。有条件时，尽量选用送风式口罩或面罩。

（4）使用前要检查部件是否完整，如有损坏必须及时修理或更换。此外，应注意检查各连接处的气密性，特别是送风口罩或面罩，看接头、管路是否畅通。

（5）佩戴要正确，系带和头箍要调节适度，面部应无严重压迫感。

（6）复式口罩和送风口罩头盔的滤料要定期更换，以免增大阻力。电动送风口罩的电源要充足，按时充电。

（7）各式口罩的主体（口鼻罩）脏污时，可用肥皂水洗涤。洗后应在通风处晾干，切忌暴晒、火烤，避免接触油类、有机溶剂等。

（8）防尘用具宜专人专用。使用后及时装塑料袋内，避免挤压、损坏。

（9）对于长管面具，在使用前应对导气管进行查漏，确定无漏洞时才能使用。导气管的进气端必须放置在空气新鲜、无毒无尘的场所中。所用导气管长度以 10m 内为宜，以防增加通气阻力。当移动作业地点时，应特别注意不要猛拉、猛拖导气管，并严防压、戳、拆等。

2. 防毒口罩、面具的使用

防毒口罩、面具可分为过滤式和隔离式两类。过滤式防毒用具通过滤毒罐、盒内的滤毒药剂滤除空气中的有毒气体再供人呼吸。因此劳动环境中的空气含氧量低于 18% 时不能使用。通常滤毒药剂只能在确定了毒物种类、浓度、气温和一定的作业时间内起防护作用。所以过滤式防毒口罩、面具不能用于险情重大、现场条件复杂多变和有两种以上毒物的作业；隔离式防毒用具依靠输气导管将无污染环境中的空气送入密闭防毒用具内供作业人员呼吸。它适用于缺氧、毒气成分不明或浓度很高的污染环境。

（1）在使用防毒口罩时，严禁随便拧开滤毒盒盖，避免滤毒盒剧烈震动，以免引起药剂松散；同时应防止水和其他液体滴溅到滤毒盒上，避免降低防毒效能。

（2）在使用防毒口罩过程中，对有味的毒气，当嗅到轻微气味时，说明滤毒盒内的滤毒剂失效；对无味毒气，则要看安装在滤毒盒里的指示纸或药剂的变色情况而定。一旦发现防毒药剂失效，应立刻离开有毒场所，并停止使用防毒口罩，重新更换药剂后方可使用。

（3）在佩戴防毒口罩时，系带应根据头部大小调节松紧，两条系带应自然分开套在头顶的后方。过松或过紧容易造成漏气或感到不舒服。

（4）防毒面具在使用中应正确佩戴，如头罩一定要选择合适的规格，罩体边缘与头部贴紧。另外，要保持面具内气流畅通无阻，防止导气管扭弯压住，影响通气。

（5）当在作业现场突然发生意外事故出现毒气而作业人员一时无法脱离时，应立即屏住气，迅速取出面罩戴上；当确认头罩边缘与头部密合或佩戴正确后，猛呼出面具内余气，方可投入正常使用。

（6）在防毒面具某一部件损坏，以致不能发挥正常作用，而且来不及更换面具的情况下，使用者可采取下列应急处理方法，然后迅速离开有毒场所。

1）在头罩或导气管发现孔洞时，可用手捏住。若导气管破损，也可将滤毒罐直接与头罩连接使用，但应注意防止因罩体增重而发生移位漏气。

2）在呼气阀损坏时，应立即用手堵住出气孔，呼气时将手放松，吸气时再堵住。

3）在发现滤毒罐有小孔洞时，可用手、黏土或其他材料堵塞。

（7）使用后的防毒面具，要清洗、消毒、洗涤后晾干，切勿火烤、暴晒，以防材料老化。滤毒罐使用后，应将顶盖、底塞分别盖上、堵紧，防止滤毒剂受潮失效。对于失效的滤毒罐，应及时报废或更换新的滤毒剂和做再生处理。

（8）一时不用的防毒面具，应在橡胶部件上均匀撒上滑石粉，以防粘连。现场备用的面具，放置在专用柜内，并定期维护和注意防潮。

3. 氧气呼吸器的使用

氧气呼吸器是一种与外部空气隔绝、依靠自身供给氧气的防毒面具。

（1）在使用前全面检查一遍，确认达到下列要求方可使用。

1）氧气瓶内的氧气压力，应保持在 $980N/cm^2$ 以上。

2）清净罐内装填的氢氧化钙吸收剂应为粉红色圆柱状颗粒。如果变为淡黄色，即为失效，应及时更换。

3）应注意各密封垫圈是否齐全，啮合程度、阀门是否良好，自动排气阀工作是否正常。

（2）在使用时，先打开氧气瓶阀门，检查压力表的数值，估计使用时间；然后按动补给按钮数次，以清除气囊内原积存气体；再戴上头罩，检查罩体边缘与头部密合情况。经确认各部件正常后，即可使用。

（3）在使用过程中，如果感到供气不足，可用深长呼吸法，使自动补给器充氧。若仍感呼吸困难，应采用手动按钮补给氧气。当以上措施均无效时，应立即退出有毒场所。

（4）在使用中，应经常检查压力表的指示值。一旦氧气压力降至 $245\sim296N/cm^2$ 时，应及时离开有毒场所。

（5）注意避免与油类等可燃物料接触，并与火源保持足够的安全间距。

（6）防止氧气呼吸器撞击和跌落，以免损坏部件。

（7）险情重大的作业以及进入事故现场从事抢救，必须两个人一组，以便彼此关照。

（8）使用后的氧气呼吸器，应及时通知专业人员检查，并进行头罩清洗、消毒、氧气瓶充气和更换清净罐内的氢氧化钙等工作，以备随时使用。

（9）若长期搁置不用，应倒出清净罐内的氢氧化钙。所有橡胶部件均应涂滑石粉，以防粘连。氧气瓶则应保留一定的剩余压力。

（三）眼、面部防护用品及其使用常识

1. 焊接用眼镜、面罩的使用

据统计，电光性眼炎在工矿企业的焊接作业中比较常见，其主要原因在于挑选的防护眼镜

不合适。因此有关的作业人员应掌握下列使用防护眼镜的基本办法。

（1）使用的眼镜和面罩必须经过有关部门检验。

（2）挑选、佩戴合适的眼镜和面罩，以防作业时脱落和晃动，影响使用效果。

（3）眼镜框架与脸部要吻合，避免侧面漏光。必要时应使用带有护眼罩或防眩光型的眼镜。

（4）防止面罩、眼镜受潮、受压，以免变形损坏或漏光。焊接用面罩应该具有绝缘性，以防触电。

（5）在使用面罩式护目镜作业时，累计 8 小时至少更换一次保护片。防护眼镜的滤光片被飞溅物损伤时，要及时更换。

（6）在保护片和滤光片组合使用时，镜片的屈光度必须相同。

（7）对于送风式、带有防尘、防毒功能的焊接面罩，应严格按照有关规定保养和使用。

（8）当面罩的镜片被作业环境的潮湿烟气及作业者呼出的潮气罩住，出现水雾，影响操作时，可采取下列措施解决。

1）水膜扩散法。在镜片上涂脂肪酸或硅胶系的防雾剂，使水雾均匀扩散。

2）吸水排除法。在镜片上浸涂界面活性剂，将附着的水雾吸收。

3）真空法。对某些具有两重玻璃窗结构的面罩，可采取在两层玻璃间抽真空的方法。

2. 防电磁辐射眼具的使用

电磁辐射是看不见、听不到、摸不着的。但是某些频率的微波会产生温热感觉。在受到辐射至发现身体某一部分不适有一个长潜伏期。当发现时，往往已经造成不良的后果。因此，对电磁辐射的防护不能掉以轻心。

（1）首先在工作现场确定辐射场强超过微波最大允许辐射量区域，并挂上警告标志。当作业人员进入该区域时，必须穿戴屏蔽服和防微波眼镜。

（2）在实际工作中，应根据辐射源的工作频率和工作地点的辐射强度来选择屏蔽服和眼镜。

（3）尽量使用带护眼罩的防微波眼镜，以防微波的绕射对眼睛产生不良影响。

（4）在使用过程中，避免接触油脂、酸碱或其他脏污物质，以免影响屏蔽效果。

（5）除了上述几点以外，采取不直视任何辐射器件（馈能喇叭、开口波导、反射器等），尽可能远离辐射源，对场源设置屏蔽等措施，也能有效地避免电磁辐射。

（四）听觉器官防护用品

听觉器官防护用品的使用方法：

（1）在佩戴耳塞时，先把耳廓向上提起使外耳道口呈平直状态，然后手持塞柄将塞帽轻轻推入外耳道内与耳道贴合。

（2）不要使劲太猛或塞得太深，以感觉适度为止，如果隔声不良，可将耳塞慢慢转动到最佳位置，隔声效果仍不好时，应另换其他规格的耳塞。

（3）在使用耳塞及防噪声头盔时，应先检查罩壳有无裂纹和漏气现象。在佩戴时应注意罩

壳标记顺着耳型戴好，务必使耳罩软垫圈与周围皮肤贴合。

（4）在使用护耳器前，应用声级计测出工作场所噪声的定量，然后算出需要衰减的声级，以挑选各种规格的护耳器。

（5）防噪声护耳器的使用效果不仅决定于这些用品质量的好坏，还需使用者养成耐心使用的习惯和掌握正确佩戴的方法。如果只戴一种护耳器隔声效果不好，也可以同时戴上两种护耳器，如耳罩内加耳塞等。

（五）手部防护用品

具有保护手和手臂的功能，供作业者劳动时戴的手套称为手部防护用品，通常人们称为劳动防护手套。

手部防护用品按照防护功能分为 12 类，即一般防护手套、防水手套、防寒手套、防毒手套、防静电手套、防高温手套、防 X 射线手套、防酸碱手套、防油手套、防震手套、防切割手套和绝缘手套。

防护手套的使用方法：

（1）首先应了解不同种类手套的防护作用和使用要求，以便在作业时正确选择，切不可把一般场合用的手套当作某些专用手套使用。例如，棉布手套、化纤手套等作为防震手套来用，效果很差。

（2）在使用绝缘手套前，应先检查外观，如发现表面有孔洞、裂纹等应停止使用。

绝缘手套使用完毕后，按有关规定保存好，以防老化造成绝缘性能降低。在使用一段时间后应复检，合格后方可使用。在使用时要注意产品分类色标，如 1kV 手套为红色、7.5kV 手套为白色、17kV 手套为黄色。

（3）在使用振动工具作业时，不能认为戴上防震手套就安全了。应注意在工作中安排一定的时间休息，随着工具自身振动频率的提高，可相应地将休息时间延长。对于使用的各种振动工具，最好测出振动加速度，以便挑选合适的防震手套，取得较好的防护效果。

（4）所用手套大小应合适，避免手套指过长，被机械绞或卷住，使手部受伤。

（5）在操作高速回转机械作业时，可使用防震手套。某些维护设备和注油作业，应使用防油手套，以避免油类对手的侵害。

（6）不同种类的手套有其特定用途和性能，在实际工作时一定要结合作业情况来正确使用和区分，以保护手部安全。

（六）足部防护用品

足部防护用品主要是指劳动防护鞋，一般而言，在以下环境中的工作人员必须穿安全鞋靴。

（1）环境中可能有物体刺入脚底板。

（2）搬运一些可能掉落的重物，必须穿戴有冲击或撞击防护功能的安全鞋靴。

（3）极热、极冷或强酸、强碱的工作环境。

（4）工作环境中的地面上经常有一些容易滚动的重物（可能会从脚面上滚过），则要求穿防压缩的鞋靴。

（5）对于电力工作者这一特种职业而言，必须穿特殊类型的导电或绝缘鞋靴等。

在选择安全鞋靴时，可以遵循以下几点。

（1）防护鞋靴除了必须根据作业条件选择适合的类型外，还应仔细挑选合适的鞋号。

（2）防护鞋靴要有防滑的设计，不仅要保护人的脚免遭伤害，而且要防止操作人员滑倒引起的事故。

（3）各种不同性能的防护鞋靴，要达到各自防护性能的技术指标，如脚趾不被砸伤，脚底不被刺伤，绝缘导电等要求。

（4）在使用防护鞋靴前要认真检查或测试，在电气和酸碱作业中，破损和有裂纹的防护鞋靴都是有危险的。

（5）防护鞋靴用后要妥善保管，橡胶鞋用后要用清水或消毒剂冲洗并晾干，以延长使用寿命。

（七）防护服

防护服是保护人们在生产、工作中避免或减少职业伤害的服装，有利于保障工作人员的身体健康和安全生产。

（1）防护服穿着程序应符合规定，防护服的领口、袖口与下摆应扣紧，单人单用。

（2）如果防护服受到污染，应及时进行科学洗涤或更换。

（3）对于特种劳动防护服，应按规定的方法进行有效洗涤，并在规定的有效期内使用。

（4）一旦发现防护服有破损，要及时更换。

（八）防坠落用品

1. 安全带

安全带是高处作业人员预防坠落伤亡的防护用品。

（1）选用经有关部门检验合格的安全带，并保证在有效期内使用。

（2）安全带严禁打结、续接。

（3）在使用中，要可靠地挂在牢固的地方，高挂低用，且要防止摆动，避免明火和刺割。

（4）2m 以上的悬空作业，必须使用安全带。

（5）在无法直接挂安全带的地方，应设置挂安全带的安全拉绳、安全栏杆等。

2. 安全网

安全网是用来防止人、物坠落或用来避免、减轻坠落及物击伤害的网具。

（1）要选用有合格证书的安全网。

（2）安全网若有破损、老化应及时更换。

（3）安全网与架体连接不宜绷得过紧，系结点要沿边分布均匀、绑牢。

（4）立网不得作为平网网体使用。

（5）立网应优先选用密目式安全立网。

 想一想，论一论

案例6-2和案例6-3能给我们哪些警示？在工作中是不是应该坚持使用合适的劳保用品？

习　题

简答题

职工合理使用防护用品的"三会"是指什么？

复习题

1. 个体防护用品按用途可分为两类：一类是以_____为目的的安全护品，另一类是以_____为目的的劳动卫生防护用品。

2. 防止伤亡事故的防护用品主要有防坠落物品，如_____；防冲击用品，如_____；防触电用品，如_____。

拓展习题：
个体防护用品管理与使用

3. 预防职业病的个人防护用品主要有_____用品、_____用品、_____用品、防热辐射用品和防噪声用品。

4. 企业个体防护用品发放必须做到_____、_____、_____。

5. "三会"即_____、_____、_____。

6. 坚持使用个体防护用品有哪些好处？如何保证职工坚持并正确使用个体防护用品？

7. 个体防护用品使用不当可造成哪些危害？

第七章　特种作业人员的管理

本章学习要点

- 掌握特种作业范围。
- 了解特种作业人员申报的基本条件。
- 了解特种作业人员培训考核的相关内容。
- 理解特种作业人员的职业道德。
- 掌握特种作业人员岗位职责。

由于特种作业危险性大，对相关人员要求高，因此特种作业人员管理的特殊性就表现在要求对其进行教育培训以保证安全生产，并按照《安全生产法》的有关规定，对其进行严格管理。

第一节　特种作业人员概述

案例 7-1　某钢铁公司炼钢车间徐某操作起重机吊运重 1.8t 的钢液包，准备将其放到平车上。当吊车开到平车上方时，由于钢液包未对正平车不能下落。地面指挥人员要徐某移动大车，徐某稍一转动吊车操纵手柄，接触器头立即跳火，吊车失控地吊着离地 1m 高的钢液包向前疾驶，驶到 4.9m 处，一名员工躲避不及被撞倒，吊车又继续向前走 5.7m，直到挂住电炉支架，徐某才醒悟，将电源开关拉断，吊车才停止。被撞者经抢救无效死亡。

拓展阅读：
中华人民共和国劳动合同法

案例 7-2　某公司的贾某执行运送焦炭任务，当驾车运送到 1 号门时，发现值班员已将铁门锁上。天正下着小雨，贾某与随车工刘某商议后，决定去 3 号门看看。刘某下车去了 3 号门，贾某掉头向西转弯开到距离 3 号门 1m 处的坡道上停下。刘某发现 3 号门也关闭了，贾某见状鸣喇叭呼唤值班员，但还是没有动静。此时，刘某告诉贾某，要想进门只有撬锁，并决定亲自撬锁。贾某认为刘某说得有道理，立即下车帮助刘某，哪知他很着急，下车时忘拉驻车制动，刚走到左侧大灯位置时，就见焦炭车正向撬锁的刘某压来。贾某见状一边大喊"快闪开"，一边跳上车拉驻车制动。但为时已晚，车辆滑下，锁着的铁门被撞开，刘某被压到车下，车滑出 3m 后才停下。刘某经医院抢救无效死亡。

安全标语 ▶ 　　　　　学习培训保安全，持证上岗搞生产。

一、特种作业范围

特种作业是指容易发生人员伤亡事故，对操作者本人、他人的安全健康及设备设施的安全可能造成重大危害的作业。

特种作业范围如下。

1. 电工作业

电工作业包含高压电工作业、低压电工作业、防爆电气作业。

2. 焊接与热切割作业

焊接与热切割作业包含熔化焊接与热切割作业、压力焊作业、钎焊作业。

3. 高处作业

高处作业包含登高架设作业，高处安装、维护、拆除作业。

4. 制冷与空调作业

制冷与空调作业包含制冷与空调设备运行操作作业、制冷与空调设备安装修理作业。

5. 煤矿安全作业

煤矿安全作业包含煤矿井下电气作业、煤矿井下爆破作业、煤矿安全监测监控作业、煤矿瓦斯检查作业、煤矿安全检查作业、煤矿提升机操作作业、煤矿采煤机（掘进机）操作作业、煤矿瓦斯抽采作业、煤矿防突作业、煤矿探放水作业。

6. 金属、非金属矿山安全作业

金属、非金属矿山安全作业包含金属、非金属矿井通风作业，尾矿作业，金属、非金属矿山安全检查作业，金属、非金属矿山提升机操作作业，金属、非金属矿山支柱作业，金属、非金属矿山井下电气作业，金属、非金属矿山排水作业，金属、非金属矿山爆破作业。

7. 石油天然气安全作业

石油天然气安全作业包含司钻作业。

8. 冶金（有色）生产安全作业

冶金（有色）生产安全作业包含煤气作业。

9. 危险化学品安全作业

危险化学品安全作业包含光气及光气化工艺作业、氯碱电解工艺作业、氯化工艺作业、硝

化工艺作业、合成氨工艺作业、裂解（裂化）工艺作业、氟化工艺作业、加氢工艺作业、重氮化工艺作业、氧化工艺作业、过氧化工艺作业、胺基化工艺作业、磺化工艺作业、聚合工艺作业、烷基化工艺作业、化工自动化控制仪表作业。

10. 烟花爆竹安全作业

烟花爆竹安全作业包含烟火药制造作业、黑火药制造作业、引火线制造作业、烟花爆竹产品涉药作业和烟花爆竹储存作业。

11. 其他作业

安全监管总局认定的其他作业。

二、特种作业人员应当符合的申报条件

直接从事特种作业的从业人员称为特种作业人员。特种作业人员应当符合的申报条件如下。

（1）年满18周岁，且不超过国家法定退休年龄。

（2）经社区或者县级以上医疗机构体检健康合格，并无妨碍从事相应特种作业的器质性心脏病、癫痫病、美尼尔氏症、眩晕症、癔症、帕金森病、精神病、痴呆症，以及其他疾病和生理缺陷。

（3）具有初中及以上文化程度。

（4）具备必要的安全技术知识与技能。

（5）相应特种作业规定的其他条件。

危险化学品特种作业人员除符合上述第（1）项、第（2）项、第（4）项和第（5）项规定的条件外，应当具备高中或者相当于高中及以上文化程度。

想一想，论一论

在案例7-1和案例7-2中，哪些人员属于特种作业人员？观察一下你周围有哪些工种属于特种作业范围？

习 题

简答题

1. 简述特种作业、特种作业人员的含义。

2. 特种作业的范围有哪些？

3. 特种作业人员必须具备哪些申报条件？

第二节　特种作业人员的培训、考核

案例 7-3 2023 年 12 月 16 日，潘某（发包方）、李某（承包方）签订建筑工程施工合同，潘某将其住宅以包料的方式发包给李某。合同签订后，李某组织工人为潘某建造房屋，同时在房屋后面搭设外脚手架，潘某提供建房所需材料以及搭设外脚手架所需的竹板。2024 年 5 月 23 日李某在捣制潘某的五楼天面时，雇请钟某带拌浆机、卷扬机、起吊设备来到工地负责搅拌混凝土吊上天面，李某的工人协助将水泥、砂、石放入拌浆机。当天中午 1 点钟，混凝土搅拌完毕并全部吊上天面后，钟某独自上天面拆除吊浆机时连同部分吊架从五楼坠落，不久后死亡。本案被告人李某具有村镇建筑工匠的资格证书，死者钟某没有特种行业从业的资格证书。

案例 7-4 某房地产开发总公司下属的建筑公司负责人戴某在施工过程中，擅自使用无证人员操作起重机械，并在井架牵引的吊篮内违章作业，导致钢丝绳绷断，临时工杨某随吊篮从 10 余米的高处坠落，摔成重伤。事故发生后，杨某被送往当地医院抢救脱险。

一、特种作业人员的培训

特种作业人员应当接受与其从事的特种作业相应的安全技术理论培训和实际操作培训。

已经取得职业高中、技工学校及中专以上学历的毕业生从事与其所学专业相应的特种作业，持学历证明经考核发证机关同意，可以免予相关专业的培训。

跨省、自治区、直辖市从业的特种作业人员，可以在户籍所在地或者从业所在地参加培训。

二、特种作业人员的考核发证

参加特种作业操作资格考试的人员，应当填写考试申请表，由申请人或者申请人的用人单位持学历证明或者培训机构出具的培训证明向申请人户籍所在地或者从业所在地的考核发证机关或其委托的单位提出申请。

考核发证机关或其委托的单位收到申请后，应当在 60 日内组织考试。

特种作业操作资格考试包括安全技术理论考试和实际操作考试两个部分。考试不及格的，

允许补考1次。经补考仍不及格的，重新参加相应的安全技术培训。

特种作业操作证有效期为6年，在全国范围内有效。

特种作业操作证遗失的，应当向原考核发证机关提出书面申请，经原考核发证机关审查同意后，予以补发。

三、特种作业人员的复审

特种作业操作证每3年复审1次，在特种作业操作证有效期内，连续从事本工种10年以上，严格遵守有关安全生产法律法规的，经原考核发证机关或者从业所在地考核发证机关同意，特种作业操作证的复审时间可以延长至每6年1次。

特种作业操作证有效期届满需要延期换证的，应当按照前款的规定申请延期复审。

申请延期复审的，经复审合格后，由考核发证机关重新颁发特种作业操作证。

未按期复审的，特种作业操作证失效。

四、特种作业人员的管理

生产经营单位应当加强对本单位特种作业人员的管理，建立健全特种作业人员培训、复审档案，做好申报、培训、考核、复审的组织工作和日常检查工作。

离开特种作业岗位6个月以上的特种作业人员，应当重新进行实际操作考试，经确认合格后方可上岗作业。

特种作业人员不得伪造、涂改、转借、转让、冒用特种作业操作证或者使用伪造的特种作业操作证。

 想一想，论一论

案例7-3和案例7-4中的各行为参与者都有什么过失？如果你是一名特种行业的从业人员应该怎样做？

习　题

填空题

1. 特种作业人员应当接受与其从事的特种作业相应的_____培训和_____培训。

2. 特种作业操作证每_____年复审一次。

3. 特种作业人员必须持证上岗，严禁_____操作。

安全标语 ▶▶ 特种设备勤检查，勤维护，保安全。

4. 特种作业操作证在_____通用。特种作业操作证不得_____、_____、_____或转让。

第三节　特种作业人员的职业道德和岗位职责

某厂一位焊工到室外临时施工点焊接，在焊机接线时因无电源闸盒，便自己将电缆每股导线头部的胶皮去掉，分别接在露天的电网线上，由于错接零线在火线上，当他调节焊接电流用手触及外壳时，遭电击身亡。

某单位基建科副科长甲未用安全带，也未采取其他安全措施，便攀上屋架，替换焊工乙焊接车间屋架角钢与钢筋支撑。工作 1h 后，辅助工丙下去取角钢料，由于无助手，甲便左手扶持待焊的钢筋，右手拿着焊钳，闭着眼睛操作。甲先把一端点固上，然后左手扶着点固一端的钢筋探身向前去焊另一端。甲刚一闭眼，左手扶着的钢筋因点固不牢，支持不住人体重量，突然脱焊，甲与钢筋一起从 12.4m 的屋架上跌落，当场死亡。

一、特种作业人员的职业道德

特种作业人员由于岗位的特殊性，理应在职业道德水平方面有更高的要求，具体内容如下。

1. 安全为公的道德观念

特种作业一旦发生事故，殃及的人和财物一是范围广，二是损害大。所以，每个特种作业人员不仅要保证自身的安全，还要有安全为大家的道德观念；应该意识到自己的安全责任比别人更重，要求也更严；始终要牢记：一人把好关，大家得安全。这就是安全为公的道德观念。大家常说"安全为天"，如何理解这个"天"字，作为一个特种作业人员应当把"天"字理解为：一个人承担着两重重大安全责任，一个是集体的生命财产安全，另一个是自己的生命财产安全。

2. 精益求精的道德观念

产品性能是否安全可靠，与加工质量、操作精度密切相关。一个特种作业人员对自己加工的产品在质量上、精度上应有更高的要求标准。特种作业的"特"字，不仅"特"在工作性质上，也应"特"在工作要求上。精益求精是每一个特种作业人员应有的工作态度和道德观念。

3. 好学上进的道德观念

好学上进、勇于钻研，是特种作业人员应当具备的道德品质。由于特种作业多具有危险性、重要性和复杂性的特点，在挑选人员时需要提高素质标准。但仅仅如此还不够，为了保证长期胜任本职工作，特种作业人员还必须好学习、善钻研。通过学习，特种作业人员一方面尽快掌握现有的设备、技术，为保证生产安全打下坚实的基础；另一方面在允许的条件下，还可以进一步改进设备，使其达到本质安全型设备的要求。所以，作为一名特种作业人员，应争做工人中的精英，实现更高的人生价值，为企业为国家做出更多的贡献。

二、特种作业人员安全生产的岗位职责

建立和健全以安全生产责任制为中心的各项安全管理制度，是保证安全生产的重要手段。特种作业人员安全生产的岗位职责主要内容如下。

（1）认真执行有关安全生产规定，对所从事工作的安全生产负直接责任。

（2）各岗位专业人员，必须熟悉本岗位全部设备和系统，掌握构造、原理、运行方式和特性。

（3）在值班、作业中严格遵守安全操作的有关规定，并认真落实安全生产防范措施，不准违章作业，一旦发现应立即制止，对违章作业人员提出意见，并向有关领导或部门反映。

（4）严格遵守劳动纪律，不迟到、不早退，提前进岗做好班前准备工作，值班中未经批准，不得擅自离开工作岗位。

（5）工作中不做与工作任务无关的事情，不擅自操作与自己工作无关的机具设备和车辆。

（6）经常检查作业环境及各种设备、设施的安全状态，保证运行、备用、检修设备的安全，及时发现问题并检查各种设备设施技术情况是否符合安全要求。在设备发生异常和缺陷时，应立即进行处理并及时联系汇报，不得让事态扩大。

（7）定期参加班组或有关部门组织的安全学习，参加安全教育活动，接受安全部门或人员的安全监督检查，积极参与解决不安全问题。

（8）发生因工伤亡事故要保护现场，立即上报，主动积极参加抢险救援。

除了明确岗位职责外，还应该加强监督检查考核，以便促进岗位职责的落实，促进安全生产。

想一想，论一论

在案例7-5和案例7-6中，当事人在这起事故中违反了哪些职业道德和岗位职责？我们在现实生活中应该怎样做？

习　题

简答题

1. 特种作业人员应当具备的职业道德观念有哪些？

2. 结合自己的工作岗位，简要谈谈特种作业人员应该遵守的岗位职责。

拓展习题：
特种作业人员的管理

复习题

1. 特种作业是指容易发生人员伤亡事故，对操作者本人、他人的_____及_____的安全可能造成重大危害的作业。直接从事特种作业的从业人员称为_____。

2. 特种作业包括：_____作业，_____作业，_____作业，制冷与空调作业，_____作业，金属、非金属矿山安全作业等。

3. 特种作业操作资格考试包括_____考试和_____考试两个部分。考试不及格的，允许补考_____次。经补考仍不及格的，重新参加相应的安全技术培训。

4. 特种作业操作证每_____年复审 1 次，在特种作业操作证有效期内，连续从事本工种_____年以上，严格遵守有关安全生产法律法规的，经相关考核发证机关同意，复审时间可以延长至每_____年 1 次。

5. 离开特种作业岗位_____个月以上的特种作业人员，应当重新进行_____考试，经确认合格后方可上岗作业。

6. 在出现哪些违纪情况时，发证单位有权吊销特种作业人员的操作证？

7. 根据自己亲身经历及所见所闻，结合所学专业，简述特种作业人员持证上岗的必要性。

参考文献

[1] 陈宝智，张培红. 安全原理[M]. 3 版. 北京：冶金工业出版社，2016.

[2] 全国总工会劳动保护部. 安全卫生·权益维护[M]. 北京：中国文联出版社，2002.

[3] 刘铁民. 职业安全健康法规手册[M]. 北京：群众出版社，2003.

[4] 孟燕华，胡广霞，王一平. 安全员职业安全健康知识[M]. 北京：化学工业出版社，2005.

[5] 罗云. 现代安全管理[M]. 3 版. 北京：化学工业出版社，2023.

[6] 孙连捷. 中华人民共和国安全生产法教育读本[M]. 北京：中国劳动社会保障出版社，2003.

[7] 姜真，袁博，姜培生. 安全工程师基础教程[M]. 北京：化学工业出版社，2004.

[8] 国家安全生产监督管理局安全科学技术研究中心. 危险化学品生产单位安全培训教程[M]. 北京：化学工业出版社，2004.

[9] 谈俊杰. 矿山安全与环境保护[M]. 北京：兵器工业出版社，2001.